新・数理/工学ライブラリ［機械工学＝1］

新・機械設計学
〈設計の完成度向上をめざして〉

大滝　英征　著

数理工学社

サイエンス社・数理工学社のホームページのご案内
http://www.saiensu.co.jp
ご意見・ご要望は　suuri@saiensu.co.jp　まで．

まえがき

　情報通信革命は，世界をより成熟社会へ向かわせる強力な武器となる．そのため，既存の産業構造，秩序は根本的に変えられ，グローバル化も強力に進められている．WTO加盟国も増え，国際的な商取引のみならず，技術移転や海外進出も頻繁に行われるようになった．新しい秩序作りが急速に展開しているといえる．そんな状況下でも，技術力・開発力・企画力で実力を有する企業であれば，世界の一流企業と互角に競争していける．確かに，企業の存立基盤はブランド力だけでは意味をなさなくなり，従来の産業分類に従えば「その他製造業」や「その他サービス業」といった明確な分類のされてこなかった産業が新たに成長してくることが予測される．ちなみに，産業界が今後の成長産業と期待している業種は「在宅医療など福祉・ケアサービス」，「燃料電池・太陽光発電など代替エネルギー」，「マルチメディアなど情報通信機器」，「廃棄物処理・再生品製造」，「医療介護関連機器」である．

　現に，競争力を高めるため，製品設計・製造のあり方も従前とは大幅に変化してきた．顧客の嗜好に合わせた製品設計，需要と供給とのマッチング，データの有効利用・共有化，等が要求され，それに伴って，製造から販売までの過程で随時生じる様々な課題を逐一解決していく必要が生じてきている．製品のわずかな欠陥でも信用欠落につながり，企業の存亡につながるため，厳正な品質管理を行っていく必要もある．現在では，短納期の要望に沿って，コンピュータ上でのモデル実験で済ませ，試作に至ることもなく，製品出荷する場合が多くなっている．出荷後クレームがつくと，大きな痛手となる．したがって，設計者には，より安全な機械の設計が要求され，責任と権限も拡大している．

　このような多くの課題に的確に対処していくためには，設計段階であらゆる情報を取り入れ，完成度を高めなくてはならない．そのため，「最適化設計手法」，「組立性評価手法」，「品質管理手法」といった手法が，三位一体となった形で導

入される必要性がある．

　グローバル化に対する一つの指針を示すため，ISO も国際的商取引の敷衍化に伴って，従前の部品の標準化から一歩進んで，システムの標準化にまで踏み込んできている．販売，設計，製造部門等を含めた全社的な組織改革，責任と権限のあり方等の改革にまで，システムの国際的な標準化は要求される．この標準化に乗り遅れると，国際競争力は失われると言って過言でない．わが国でも，企業が連携して技術，システムを先行開発し，国際標準として採用させる動きが活発化してきている．

　翻って，現在採用されている設計法，とりわけ機械設計法を概観してみると，大部分が機械要素設計法に特化している．これは，歯車やねじといった機械要素について，その機構上の特徴や幾何学的寸法の相互間の関係について論及した設計法である．この設計手法は，1900 年代初頭にルーローが確立したといわれる方法を踏襲しており，歴史的には重みがある．

　しかし，前述のように，製品が使用される環境，顧客の要望が複雑化するにつれ，製品に持たせる機能も複雑化しつつある．これに適切に対処するには，機械設計法に対しても，機構上の観点からだけでなく，経済的な視点や機能上の視点から改めて，見直す必要に迫られている．本書では，製品設計の根幹である「最適化設計手法」，「組立性評価手法」，「品質管理手法」を念頭において，強度設計法，部品設計法等を述べた．また，設計では不確定要因が多いため，設計結果に逐一保証を与える必要性のあることを考え，「設計の検証」のあり方を取り入れた．このような項目は，現在，実際的に採られ始めている設計方法を総括し，本書で初めてうち立てたものである．従来の機械設計法の教科書には見られない構成となっている．しかし，これらの項目に該当する事項は非常に多岐にわたっており，一部しか記載できなかったが，今後，資料の充実とこのような観点に立った設計法が確立されていくことを期待したい．

　　2003 年 7 月

著　者

目　　次

■第1章　標　準　化　　1
1.1　ISO と標準化　　2
1.2　製品の標準化　　3
1.3　設計業務の標準化　　5
1.4　設計手法の標準化　　8
第 1 章の問題　　16

■第2章　設計の完成度を高める手法　　17
2.1　設計最適化手法　　18
2.1.1　変分法　　18
2.1.2　機械部品の最適形状の決定　　20
2.1.3　最適な寸法公差の決定　　21
2.2　組立性評価手法　　25
2.2.1　構造体強度と価格の見積もり　　25
2.2.2　組立費用　　26
2.3　工程品質管理手法　　30
2.3.1　製造原価　　30
2.3.2　部品点数削減　　32
2.3.3　最適材料の選択　　36
第 2 章の問題　　38

■第3章　設計の検証　　41
3.1　信頼性と故障　　42
3.2　システム設計の基礎　　45
3.2.1　システムの信頼性　　45

　　　　　　3.2.2　フェール・セーフ設計 ･････････････････････････ 47
　3.3　製品寸法が規格に合格する確率 ････････････････････････ 49
　3.4　公差の管理 ･･･ 52
　　　3.4.1　加工管理と公差の分布状態 ･････････････････････ 52
　　　3.4.2　組立品の寸法公差の推定 ･･･････････････････････ 53
　　　3.4.3　寸法公差の確率論的扱い ･･･････････････････････ 54
　3.5　開発設計時の事前評価システム ････････････････････････ 60
　　　3.5.1　事前評価の必要性 ･････････････････････････････ 60
　　　3.5.2　システム分析 ･････････････････････････････････ 60
　第3章の問題 ･･･ 66

第4章　強 度 設 計　　69

　4.1　安全な機械を設計するための基礎 ･･････････････････････ 70
　　　4.1.1　安全率 ･･･････････････････････････････････････ 70
　　　4.1.2　設計応力と許容応力 ･･･････････････････････････ 71
　　　4.1.3　安全率の歴史的変遷 ･･･････････････････････････ 71
　4.2　許容応力および安全率の決定法 ････････････････････････ 74
　　　4.2.1　許容応力 ･････････････････････････････････････ 74
　　　4.2.2　材料の疲れ限度 ･･･････････････････････････････ 75
　4.3　疲れ限度線図に基づく強度設計 ････････････････････････ 77
　　　4.3.1　10^7回以上の繰返しに耐える場合 ･････････････････ 77
　　　4.3.2　時間疲れ強さに基づく設計応力 ･････････････････ 81
　4.4　切欠き係数 ･･･ 82
　　　4.4.1　切欠き係数 β ･･････････････････････････････････ 82
　　　4.4.2　切欠き係数の実測値 ･･･････････････････････････ 82
　　　4.4.3　切欠き係数の推測値 ･･･････････････････････････ 84
　4.5　強度向上の方策 ･････････････････････････････････････ 87
　　　4.5.1　応力集中箇所の端的な把握法 ･･･････････････････ 87
　　　4.5.2　形状係数 α ･･･････････････････････････････････ 88
　　　4.5.3　応力集中の緩和法 ･････････････････････････････ 89
　第4章の問題 ･･･ 95

目　次　　v

■ 第 5 章　機械システムの設計 ■　　97

5.1　フィードバック制御系と構成要素　　98
　　5.1.1　フィードバック制御とサーボ機構　　98
　　5.1.2　サーボモータの速度およびトルク制御　　100
　　5.1.3　サーボ系の速度ループゲイン，位置ループゲイン　　102
　　5.1.4　モータのカタログの読み方　　104
5.2　機械システムの慣性モーメント　　108
　　5.2.1　装置のモデル化および各要素の慣性モーメント　　108
　　5.2.2　装置全体の慣性モーメント　　111
5.3　機械装置を駆動するのに必要とするモータの出力，トルク　　114
5.4　サーボモータの選定　　118
第 5 章の問題　　120

■ 第 6 章　機械部品の設計 ■　　123

6.1　ねじ継ぎ手　　124
　　6.1.1　締め付け機能　　124
　　6.1.2　ねじ継ぎ手と被締め付け物との外力分担機能　　126
　　6.1.3　ねじ継ぎ手および被締め付け物に生じる力　　131
6.2　動力伝達機構　　136
　　6.2.1　動力伝達機能を達成する幾何学的形状　　136
　　6.2.2　動力伝達　　140
6.3　ば　　ね　　150
　　6.3.1　ばね用材料　　150
　　6.3.2　ばねの力学　　152
　　6.3.3　コイルばねの設計式　　153
　　6.3.4　トーションバーの設計　　163
　　6.3.5　スタビライザの設計　　164
6.4　圧 力 容 器　　167
　　6.4.1　圧力容器の種類　　167
　　6.4.2　圧力容器の規格　　168
　　6.4.3　圧力容器に生じる応力，変位　　168

	6.4.4 圧力容器の許容応力 ·· 174
第 6 章の問題 ·· 177	

■■第 7 章　材料の特性■■　　　　　　　　　　　　　　　　　　179

7.1 構造用鋼の組織と化学成分の役割 ····························· 180
7.2 設計に使用される材料の記号 ································· 183
7.3 構造用炭素鋼および合金鋼の機械的性質 ····················· 185
　　7.3.1 構造用炭素鋼 ··· 185
　　7.3.2 構造用合金鋼 ··· 185
7.4 熱処理と残留応力 ·· 190
　　7.4.1 焼き入れ ··· 190
　　7.4.2 焼き戻し ··· 190
　　7.4.3 残留応力の活用 ······································· 190
　　7.4.4 高温，水素雰囲気中における材料の許容応力 ·········· 191

■■問題の略解■■　　　　　　　　　　　　　　　　　　　　　　193

■■参 考 文 献■■　　　　　　　　　　　　　　　　　　　　　　207

■■索　　　　引■■　　　　　　　　　　　　　　　　　　　　　　211

第1章
標準化

- 1.1 ISO と標準化
- 1.2 製品の標準化
- 1.3 設計業務の標準化
- 1.4 設計手法の標準化

本章では…

　現在，WTO加盟国も増え，国際的な商取引がますます盛んに行われるようになった．それに伴って，ISOの重要性が増し，JISなどの諸規格もISOに準拠するよう大改定が行われた．今後とも，ISOの動向が注目される．

　概観してみると，ISO9000シリーズ，ISO14000シリーズに見られるように，ISOは，部品の標準化から一歩進んで，システムの標準化にまで歩を進めてきている．システムの国際的な標準化では，販売，設計，製造部門等を含めた全社的な組織改革，責任と権限のあり方等の改革までが要求される．この標準化に乗り遅れると，国際競力は失われるといって過言でない．わが国でも，企業が連携して技術，システムを先行開発し，国際標準として採用させる動きが活発化してきている．

　本章では，設計部門に関わる標準化の動向を述べる．

1.1 ISOと標準化

　生産品は国内のみならず海外での商取引の対象ともなる．寸法，材質，強度の適切さのみならず品質等も保証され，どこの国へ持って行っても，非のない製品を生産する必要がある．そのために，万国共通の約束事（標準化，規格化）に従って，製品を設計・生産する必要がある．ISO*⁾（国際標準化機構）がそれを担っているが，時代の流れをも色濃く反映している．ちなみに，従前は，**部品や製品の標準化**に焦点が絞られていた．しかし，1970年代の米国金本位制の崩壊とそれに続く変動相場制への移行，WTO（世界貿易機関）体制の確立等によって，生産，流通現場にも大きな影響が及ぶこととなった．トヨタのかんばん方式に代表されるように生産方式も激変，標準化も製品に関わる工業標準のみならず，**工場のあり方についての標準化**（ISO工場参照モデル）へと歩を進めてきた．生産に関わるコンピュータとNC機械，搬送機械等とのデータのやり取りに関する**プロトコル（通信手段）の標準化**（OSI参照モデル（開放型システム間相互接続）：IEEE802.3）も進められ，両者があいまってFAが当然のこととなった．最近では，ウルグアイランド（関税と貿易の自由化）協定に伴って，FA化に加え品質保証も要求されるようになり，**ISO9000**シリーズが注目の的となっている．これは，受注から，製品受け渡しに至るまでの全工程について，責任と権限を明確化し，製品の品質保証を図るものである．さらには，地球サミット（国連環境開発会議：1992年，ブラジル開催）の宣言に基づいた**ISO14000**シリーズも実施されるようになった．これは，地球環境保護のため，企業に対する環境マネジメントに関しての規格である．この規格では，リサイクルを考慮した設計が必要で，材料の使い分け，モジュール設計，繰返し使用機能を備えた設計，分解性（解体性）の評価等が要求される．このように，ISOが巨大なシステムをも標準化しようという動きに出ていることは注目に値する．企業の世界戦略，グローバル化がこれによって急速に進むとも予想される．

---

*⁾　欧文略語の訳語については p.4 参照（以降の欧文略語も同様）．

1.2 製品の標準化

規格には，国家規格（JIS 等），国際規格（ISO），業界規格，社内規格等がある．この中で，最も重きを持つのが ISO である．国際的な製造，商取引きがますます盛んになってゆく中では当然である．それに伴って，ともすれば国内だけで有効であった JIS 規格も ISO 規格と整合性を持つよう見直され，急速に整備し直された．

ISO は，国家規格機関（ISO の加盟組織体）の世界的な連盟である．国際規格の作成作業は，ISO の技術委員会を通して行われる．技術委員会の設置される理由となった主題に関心を持つ全ての加盟組織体は，その委員会に代表を派遣する権利を有する．また，ISO と連携する政府関係の組織および民間の国際組織もその作業に参加する．

技術委員会により採択された素案の国際規格は，ISO の評議会に国際規格として受け入れられる前に，認可のため加盟組織体に伝達されることとなる．加盟組織体は，技術的な理由により認可するか，不認可にするかの判定を委ねられる．認可すれば，その国は，ISO 規格に以後従うことになる．

日本においては，加盟組織体は，各工業界組織があたることになっている．工業界組織には，自動車工業界，電気工業界，部品工業界等，極めて多くがあり，一般に，経済産業省の指導下におかれている．そして，各工業界とも，傘下の企業間の情報などを取りまとめたり，法制度の整備を図ったりしてきている．

国家規格を統括している経済産業省は，各工業界を通じて加盟組織体を構成する手だてをとっているわけである（現在は，外郭団体日本規格協会が担当）．したがって，加盟組織体で出される結論は，その業界で慎重審議されたものであるため，極めて大きな重みを持つ．

ちなみに，装置中に組み込まれる機械要素，電動機，巻き上げ機，制動機等は，上記のように各工業界で慎重審議され制定された規格に従って，各企業で製造されている．製造された製品は品質保証されもし，製造物責任法（PL 法）をも達成するものとなっている．したがって，このような装置を新たに製造，販売する場合には，該当規格に従って製造すべきである．

軸，リンク等，自由な発想に基づいて製造できる部品も極めて多い．しかし，

その場合でも，材料の成分，熱処理の方法，段差部のとり方，表面の性状のあり方等多くの項目が，規格中に指定されている場合が多い．これらは，詳細な研究成果に基づき適切な値として，規格中に記されているものである．規格に取り入れられた背景まで推察すると，十分に活用した方が得策といえる．

参考　デジタル用語，略語一覧

ADSL	: Asymmetric Digital Subscriber Line（非対称デジタル加入者線）
BSC	: Basic Combined Subset
CAD/CAM	: Computer Aided Design/Computer Aided Manufacturing
CALS	: Continuous Acquisition and Life–cycle Support
EDI	: Electric Data Interchange（電子データ交換）
EDIFACT	: EDI for Administration Commerce and Transport
FA	: Factory Automation
FTP	: File Transfer Protocol
HTTP	: Hypertext Transfer Protocol
IEEE	: Institute of Electrical and Electronics Engineers（米国電気電子学会）
IPX/SPX	: Internetwork Packet Exchange/Sequenced Packet Exchange
ISO	: International Organization for Standardization（国際標準化機構）
IT	: Information Technology（情報技術）
JIS	: Japanese Industrial Standards（日本工業規格）
LAN	: Local Area Network（構内情報通信網）
MAP	: Manufacturing Automation Protocol
OSI	: Open Systems Interconnection（開放型システム間相互接続）
PDM	: Production Data Management
PL法	: Products Liability Law（製造物責任法）
SGML	: Standard Generalized Mark–up Language
STEP	: Standard for the Exchange of Product Model Data
TCP/IP	: Transmission Control Protocol/Internet Protocol
WTO	: World Trade Organization（世界貿易機関）
WWW	: World Wide Web

1.3 設計業務の標準化

　設計部門は，設計の直接作業と間接作業に大別され，しかも，コンピュータ利用の高度化と広範囲化がなされてきている．最近では，インターネット等，通信インフラの整備が進み，**CALS** 等への挑戦もなされている．そのためにも，設計業務の効率化とか適正な管理の促進を必要とする．しかし，この設計業務全体の体制作りは，暗中模索の嫌いがあったが，最近のISO9000シリーズ認証の普及に伴って，設計業務はこのISOの提唱する体制へと急速に移行している．

　ちなみに，ISO9001では図1.1のような設計業務体制と種々の書類の作成，評価を要求している．その書類の一つ一つには，設計能力のある者が関与せざるを得ない状況になっている．図中の主な業務を以下に示す．

(1) 設計および開発の計画
　設計計画書の作成などからなる．
　① 引き合い物件ごとに設計担当者，受付日，出図要求日，出図完了日などを記入し，責任と権限を明確化する

(2) 設計へのインプット
　設計への要求事項を設計部門に伝達する文書で，以下の項目などからなる．
　① 研究開発計画，命令書，引き合い検討書
　② 設計検証記録
　　　設計内容，設計の基準（要求値，計算値）の検証
　③ 法的規制，製品安全上の配慮

(3) 設計からのアウトプット
　設計の完了段階に設計部門が作成する文書で，以下の項目などからなる．
　① 納入仕様書，製造図面，取扱説明書
　② インプット文書である引き合い検討書との比較検討
　　　必要であれば，アウトプットの文章を修正する

(4) デザインレビュー
　設計の各ステージにおける設計アウトプットを文書上でレビューする．ただし，従来製品の設計変更程度で済むものは，ルーチンワークとする．

① デザインレビューの行われる段階
　構想設計段階，詳細設計段階，製品評価段階
② 審査項目
　外観，構造，材料，部品，回路，部品の標準化
　製品安全，加工，組立のしやすさ

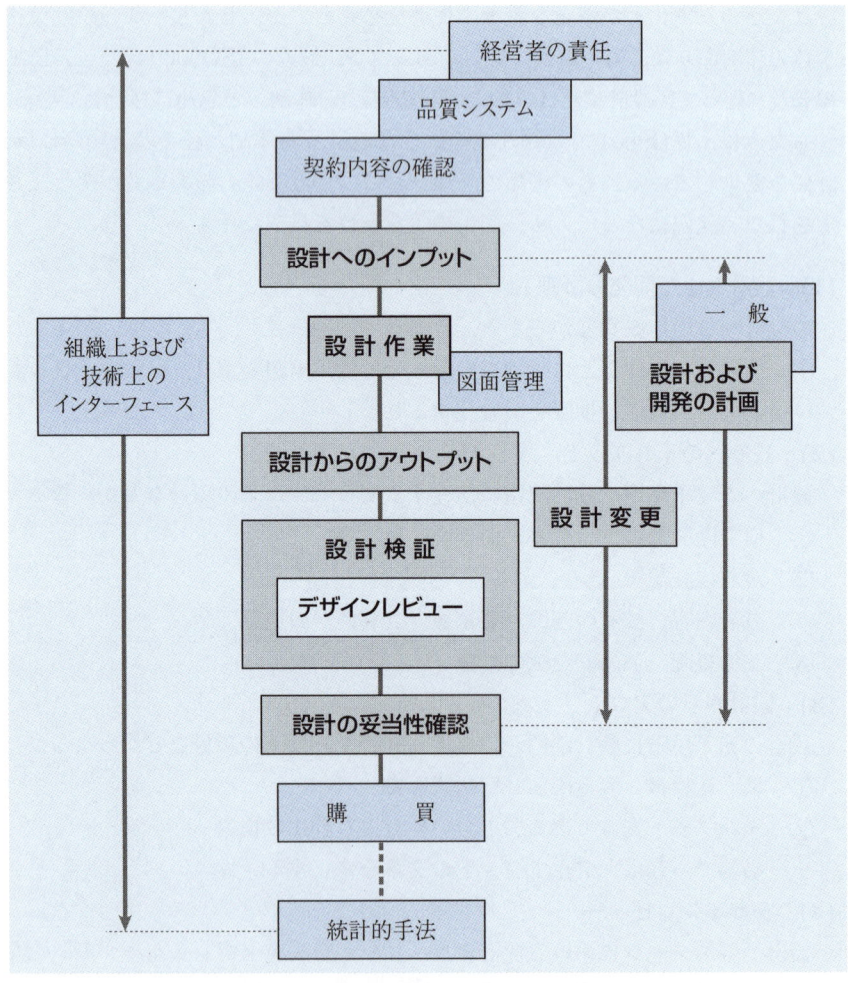

図 1.1　ISO の提唱する設計業務の流れ

(5) 設計の検証

設計のアウトプット文書が設計へのインプット要求事項を満足しているか確認するもので，以下の項目などからなる．

① 納入仕様書，製造用図面，取扱説明書との比較検討
② 設計の検証としての試作
③ 試作品の評価
④ 類似品との比較

(6) 設計の妥当性の確認

設計検証後に製作された製品が顧客の要求事項に適合しているかを確認する．妥当性の確認は，現品で行う．

(7) 設計変更

理由のいかんを問わず，製造用図面の内容に対して，変更，訂正，追記をすることをいう．設計変更手続きをしなければ，後工程に対して設計変更を指示することはできない．

以上のように，各段階ごとに，設計に関する**標準化された手引書（マニュアル）**を整備し，かつ，設計に関する豊富な知識を有する技術者が書類作成に関与することとなる．

IT（情報技術）革命が進み，CALS に準じたような業務は当然のこととなり，受注から納品までの期間が極めて短縮されている．短縮化に対応するためには，標準化が極めて重要である．

1.4 設計手法の標準化

　上記業務を支えるのは，設計の完成度を高めることに尽きる．そこで，図1.2に例示したように，**設計最適化手法**，**組立性評価手法**，**工程品質管理手法**を軸とした体系が多かれ少なかれとられる．また，それらの相互間を結ぶ評価手法も必要とされる．

① **設計最適化手法**：種々な設計定数の中心値を変えて，機能のばらつきを減少させ，安定化させる手法である．重量とコスト，寸法公差とコスト等の最適値等を求めたりする．

② **組立性評価手法**：設計段階から組立動作について，定量的，客観的な評価を行う．組立性評価シートの作成および評価値のとり方など具体的に記述することが挙げられる．

③ **工程品質管理手法**：過去の不具合点をデータとして蓄積し，チェックリストとして新機種開発に活用する．チェックリストの作成法，設計データベースの作成法は各企業に任される．

④ ①，②，③を**相互に連携させる手法**：これには，以下のような手法が挙げられる．

　　　　・許容差設計　　・価値分析（VE）　　・ばらつき改善

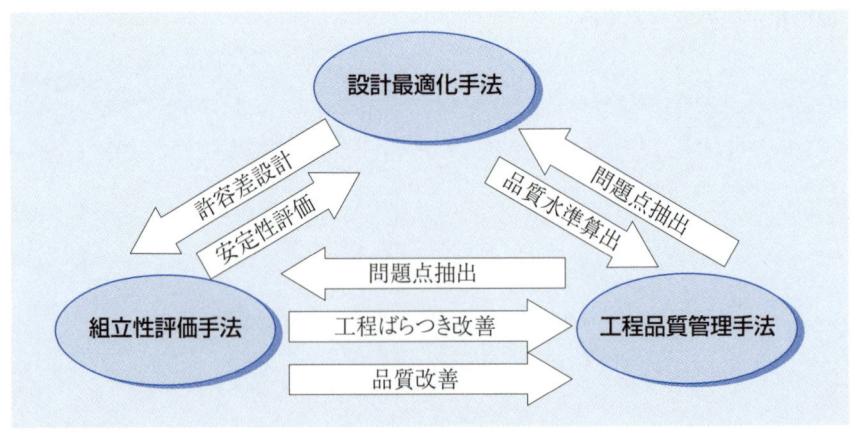

図 1.2　設計の完成度を高める手法

> 例題 1.1　ISO の提示している工場参照モデルについて調べよ．

解答　生産システムでは，工程における異常のチェック機能や管理システムが構築されていないと大量の不良品を出したり，長期間にわたるライン停止を来たしたりし，膨大な損失を生じることがある．そこで，工程を維持管理するため，「物の流れと情報の流れ」を集中管理するシステムの構築が重要となる．

図 1.3 は，ISO が提示した**工場参照モデル**である．これは，工場というのは，現場サイド（マシンレベル）から本社レベルまで立場立場に応じて種々の管理が必要であることから，工場を 6 階層に分けて管理するものである．

マシンレベルでは，個々の加工機，搬送機，組立機等とマンマシンインターフェイスであるワークステーションやプログラマブルコントローラと接続し，個別的に駆動状況を管理する．単一工程レベルでは，各種データをリアルタイムで収集するために各機械に取り付けられた検知器や中央監視盤等とノードコンピュータを接続し，製造工程で発生する異常等を管理する．ラインレベルで

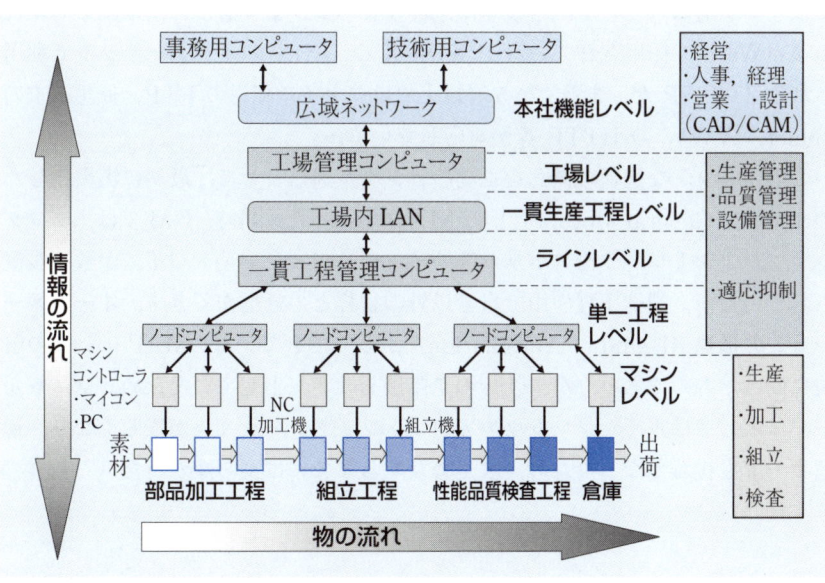

図 1.3　工場参照モデル

は，これらノードコンピュータと一貫工程管理コンピュータとを接続し，収集データを記憶・演算処理したりして工程の状況を予測し，警報を発したりする．本社レベルでは事務用コンピュータ，技術用コンピュータを揃え，財務管理，人事管理，在庫管理，技術情報管理，設計図面管理などを行う．

　この機能を高効率に稼動させるためには，全情報をいかに管理するかが重要となる．これに対する方策として，**OSI 参照モデル**（OSI Basic Reference Model）の導入，**PDM の導入**などが図られている．

例題 1.2　ISO の提示している通信の標準化について調べよ．

解答　ISO は，**OSI 参照モデル**を 1983 年に ISO7498 として制定し，コンピュータ間の通信で，初めてオープンの概念を導入した．OSI 参照モデルの特徴は，ネットワークの標準化として通信に必要とされる機能を図 1.4 に示したような 7 階層に分け，体系的なモデルとしていることである．

　データリンク層には IEEE802.2，**ネットワーク層**にはコネクションレス・モードのインターネット，**トランスポート層**には，BSC と標準プロトコルのサブセットが選ばれている．ちなみに，第 3 層および第 4 層では，米国ノベル社の NetWare で採用されている IPX/SPX や UNIX のインターネットで利用される TCP/IP が，また，第 5 層以上ではファイル転送の FTP，仮想端末の Telnet，WWW の HTTP 等が対応している．

　このオープンな通信の概念を工場のデジタル通信として，最初に実用化したのが GM（General Motors 社）の **MAP** であった．当時，GM では，プログラマブルコントローラやロボット等のインテリジェント・デバイスが数万設置されていたが，製造工程の中で自分以外の行程との通信ができず，**オートメーションの孤島**（Island of Automation）が多くできていた．MAP は，この解決に向けたものであったが，OSI の 7 階層をサポートしていたため，フィールドパスとしては重く，ソフトウエアのコンフィグレーションが難しくなり，通信カードも複雑となったため，広く普及するまでには至らなかった．

1.4 設計手法の標準化

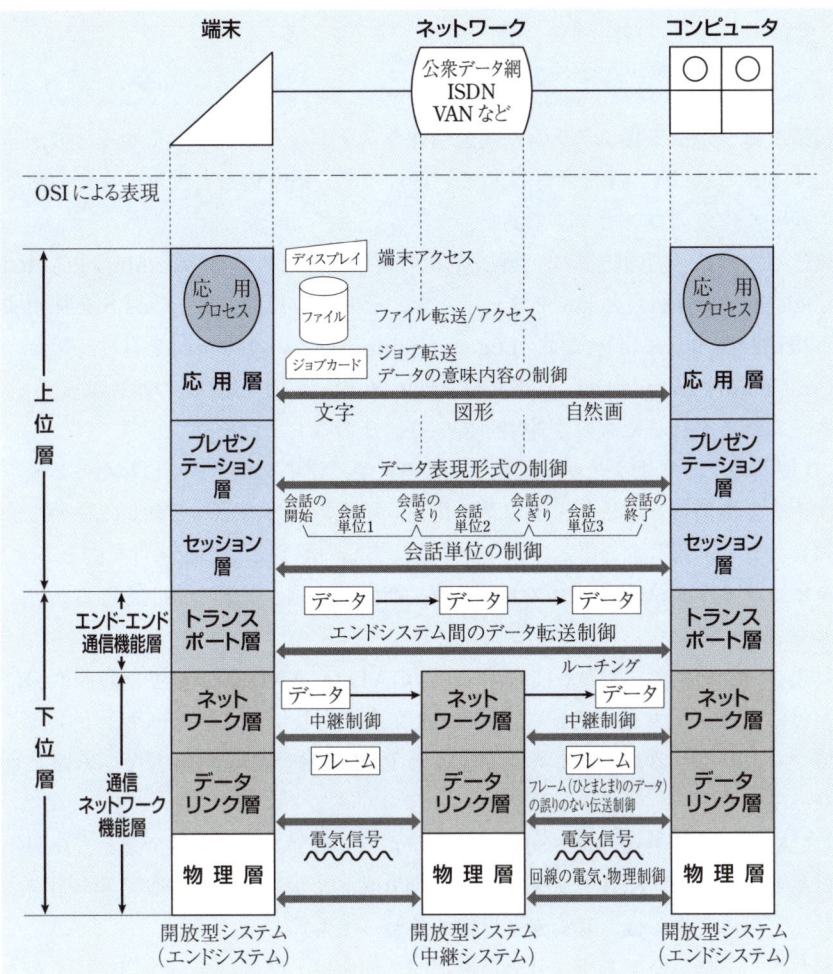

図 1.4　OSI 参照モデル

> **例題 1.3** 製品の設計から製造，流通，保守に至るライフサイクル全般にわたるシステム作りについて調べよ．

解答 電子取引支援システムや調達情報システムなどと呼ばれているものが該当する．これは **CALS** と呼ばれているもので，ISO のもと世界的な経済活動のルール作りのコンセプトである．

CALS は，米国国防省の，兵站・物流の運用支援システム（Computer Aided Logistic Support）としてスタートした．その後，民間でも，CALS を採用する機運が高まり，現在では，Logistic Support という軍用語を避け，新たに Continuous Acquisition and Life–cycle Support と CALS の略称は変えず，ネーム変更を行ったものが通用している．そのコンセプトは

「製品のライフサイクルに関わる全ての人が，ライフサイクルにわたって発生する全ての情報を電子化・デジタル化し，組織の内外のそれぞれが，必要な情報を共有・再利用することにより，業務，製品の品質および生産性を向上させ，ライフサイクル全体でのコストの低減，期間の短縮，品質の向上を図る」

となっている．

現在，設計生産に関わる技術データ（**CAD/CAM**）の交換や一般商取引における受注データも **EDI**（電子データ交換）として，インターネットを通じてやり取りされる．この CAD/CAM と EDI の融合が CALS 普及への路ともなっている．

CALS への取り組みは，業界や企業によっても異なり，海外企業と密な関係にある企業では，EDI による納入へと切り替えている．一方，取引きを国内に絞っている企業では，緩やかな対応で終わってもいる．

しかし，経済発展の凄まじい東南アジア諸国は，欧米に劣らず情報化を着々と進めており，CALS においても米国と歩調を合わせるべく整備している．日本は製品の品質および生産性で優位に立っていたこともあって，対応が遅れている．国際標準への対応の遅れは，市場の閉鎖性として諸外国との通商摩擦へ発展する恐れもある．

JIS 規格も ISO 規格の下位に属するもので，ISO 規格を優先することになっている．ちなみに，CALS に採用が決まっている ISO 規格を以下に挙げる．

1.4 設計手法の標準化

- **STEP**（Standard for the Exchange of Product Model Data）
  CAD に入力された製品の設計データを他社との間で交換するためのルール
- **EDIFACT**（EDI for Administration Commerce and Transport）
  行政・商業・運輸に関する電子データ互換のルール
- **SGML**（Standard Generalized Mark-up Language）
  取扱マニュアルなど，文章で書かれている情報全般の交換用ルール

> 例題 1.4　PDM について調べよ．

解答　顧客に対する応答の改善，設計・生産のリードタイム削減，製造コストの削減が強く求められる．これらの課題を克服するための手段が **PDM** である．PDM は，製品移管する情報と開発プロセスを管理し，コンカレントエンジニアリングの実現を支援するものである．

　従前の設計部門，製造部門に関しては以下のような問題点が指摘されていた．
- 開発コストの増大
- 製品コストの競争力低下
- 品質向上の限界
- 付帯業務増大に伴う業務効率の低下

この原因として，
- 過去の情報が有効に利用できない
- 情報伝達，検索に時間がかかる
- 設計-生産の間で後戻り作業が発生する
- 構成の把握が困難である

これに対する対策として
　① 部品・製品情報や成果物（図面・文書）の一元管理
　② 部品・製品情報や成果物（図面・文書）の関連付け
　③ 技術（図面・製品構成・原価情報）を関連部門と共有化
　④ 査閲・承認などの設計プロセスの最適化や進捗管理
　⑤ 図面，文書の履歴管理や配布管理

を徹底することで，PDM がこの機能を担う．

図 1.5 は，その組織体系の例を，また，図 1.6 はその中でとり行われる情報の流れを示したものである．

(1) 図面管理

アクセス権限によるアクセス管理，データ検索，出図，バージョン管理などによって，製品図面管理，製品関連文書管理等を行う．

(2) プロセス管理

製品開発プロセスを定義し管理する機能で，プロセス設定，ワークフローのカスタマイズ，スケジュール管理とのリンクなどが該当する．

(3) 製品構成管理

製品構成管理や部品表の作成を行う機能である．部品あるいはアセンブリの属性管理を行い，部品の属性によるグループ化，標準化，類似部品/代替部品の検索等を支援する．

(4) 変更履歴管理

設計変更プロセスと変更に関連のある詳細情報を管理する．変更対象となる影響範囲をオンラインで検索でき，アクセスできる機能を提供する．変更管理は，電子文書で行われ，あらゆる設計変更の状況はリアルタイムで確認可能である．

参考　EPR：経営資源の視点から企業全体を統合的に管理し，経営の効率化を図る手法．
TPM（Total Productive Management）
TQC（Total Quality Control）

1.4 設計手法の標準化

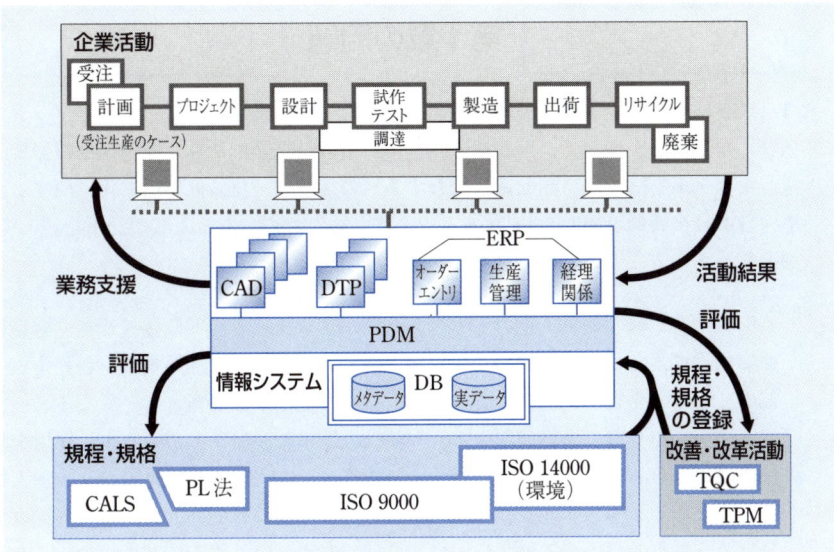

図 1.5 PDM の体系

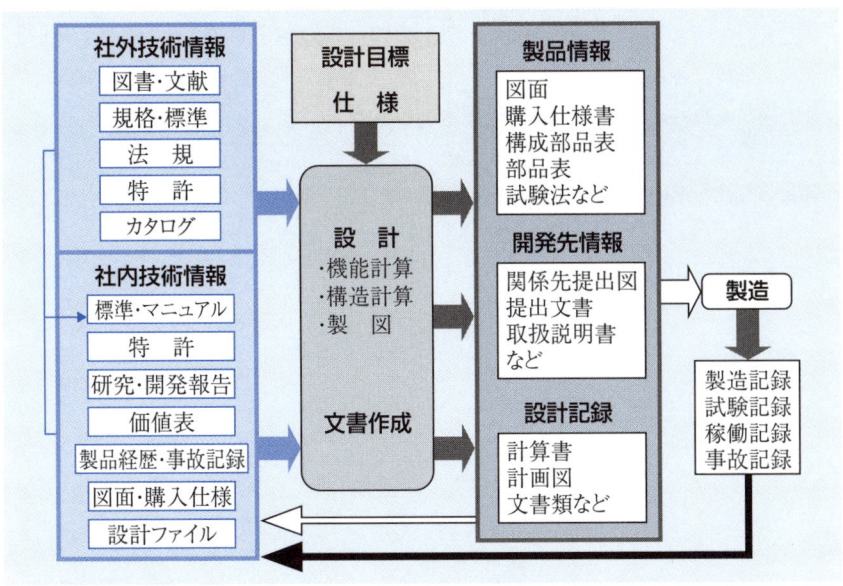

図 1.6 PDM の情報の流れ

第1章の問題

■1 以下は，日本企業が先行的に開発してきたネット家電（家電をネットワークで結び，携帯電話を使って，冷蔵庫に残っている食材を調べたり，在宅医療機器で測定したデータを病院に自動転送したりする）の規格統一化，世界標準化に関する記事（日本経済新聞2002年11月6日）をまとめたものである．この記事を読んで，標準化のあり方についての意見を述べよ．

> 　国内主要電機メーカ，電力，ガス会社等がインターネットに接続して，容易に遠隔操作できるネット家電の通信規格を統一し，世界的な標準規格を目指す．一部のメーカが先行的に開発してきた通信技術を包括する規格とし，異なるメーカの機器間のやり取りが可能となる．今後は，欧米や，アジアのメーカに採用を呼びかけ，世界的な標準規格を目指す．新規格は，ADSL（非対称デジタル加入者線）などでインターネットにつなぎ，家庭内の電機コンセントに無線装置を取り付けて，電灯線経由で各種ネット家電と情報をやり取りする．トランシーバなどで用いられる「特定小電力無線」に加え，新規格は，近距離通信の「ブルートゥース」と構内情報通信網（LAN）に使う「イーサーネット」の2種類の無線方式にも対応するようにした．データの暗号化などセキュリティ機能も強化している．
> 　今後，各社が，新規格に対応したネット家電の開発を進めるとともに，一般公開し，海外メーカにも採用を呼びかける．

■2 各社が進めているPDMの具体例について，Webサイトで調べよ．

第2章
設計の完成度を高める手法

- 2.1　設計最適化手法
- 2.2　組立性評価手法
- 2.3　工程品質管理手法

本章では…

　　国際競争力を高めるには，設計のあり方も従前とは変化させる必要がある．企業では，対処法が模索されてきているものの，設計手順，設計方法に不明確な点も多々ある．これには，教育現場において，いまなお，従前の設計法（機械要素設計法）が踏襲されてきているのも一因であると考えられる．
　　ここでは，各企業で模索してきている「設計の完成度を高める手法」という点に留意し，新たに，「最適化設計手法」，「組立性評価手法」，「工程品質管理手法」を，設計教育の枠組みの中に組み込むように計らった．この3手法は，何らかの形で，企業では取り入れているものである．
　　各手法は今後，企業活動と関連した形で，具体的なデータが蓄積されれば，重厚味が増していくものと期待される．

設計の完成度を向上させる取り組みとしては

設計最適化手法　：様々な設計定数の中心値を変えて，機能のばらつきを減少させる設計手法

組立性評価手法　：設計段階から組み立て動作毎に定量的，客観的な評価を行う手法

工程品質管理手法：過去の不具合点をデータとして蓄積し，新機種開発に活用する手法

にくくられる．

各項目に関しては，統計学的な手法，図的処理法等，立場や状況によって様々な方法が考えられる．

2.1　設計最適化手法

2.1.1　変分法

何らかの制約条件が与えられた下で，目的とする値を最大あるいは最小にする必要に迫られることがある．このような場合は，目的とする値の極値を求めることとなる．その際，数学で扱われる変分法（ラグランジュの**最適化手法**）が極値を決定するのに非常に有効な手段となっている．

いま，次のような極値を求める式 I と制約条件を与える式 J とを考える．

極値を求める式：

$$I = \int_a^b F(x, y, dy/dx) dx \tag{2.1}$$

制約条件を与える式：

$$J = \int_a^b \phi(x, y, dy/dx) \tag{2.2}$$

また，I，J は積分形式となっておらず，

$$I = F(x, y, dy/dx)$$

$$J = \phi(x, y, dy/dx)$$

の式形でも適用できる．

ここで，$F(x, y, dy/dx)$, $\phi(x, y, dy/dx)$ の式形は既知であるものとする．

問題は，I が極値をとる $y = f(x)$ を決定することとなる．関数 $f(x)$ の決定は，式 (2.3) に示すオイラー・ラグランジュの方程式で与えられる．

$$\frac{\partial}{\partial y}(F + \lambda\phi) - \frac{d}{dx}\left\{\frac{\partial}{\partial y'}(F + \lambda\phi)\right\} = 0, \quad y' = \frac{dy}{dx} \tag{2.3}$$

ここで，n 個の制約条件

$$J_i = \int_a^b \phi_i(x, y, dy/dx) \quad (i = 1, 2, \cdots, n) \tag{2.4}$$

が存在する場合は，式 (2.3) において，$F + \lambda\phi$ の替わりに

$$F + (\lambda_1\phi_1 + \lambda_2\phi_2 + \lambda_3\phi_3 + \cdots + \lambda_n\phi_n)$$

を代入して解けばよい．したがって，オイラー・ラグランジュの式は

$$\frac{\partial}{\partial y}\left(F + \sum_{i=1}^{n}\lambda_i\phi_i\right) - \frac{d}{dx}\left\{\frac{\partial}{\partial y'}\left(F + \sum_{i=1}^{n}\lambda_i\phi_i\right)\right\} = 0, \quad y' = \frac{dy}{dx} \tag{2.5}$$

となる．

dy/dx が F, ϕ に含まれない場合は，次のように簡略化される．

$$\frac{\partial}{\partial y}\left(F + \sum_{i=1}^{n}\lambda_i\phi_i\right) = 0 \tag{2.6}$$

このようにして，制約条件によって与えられる n 個の方程式，式 (2.5)（あるいは，式 (2.6)）と，式 (2.1) とにより $(n+1)$ 個の方程式が得られ，$(n+1)$ 個の未知数

$$\lambda_1, \lambda_2, \lambda_3, \cdots, \lambda_n, \quad y = f(x)$$

が決定される．

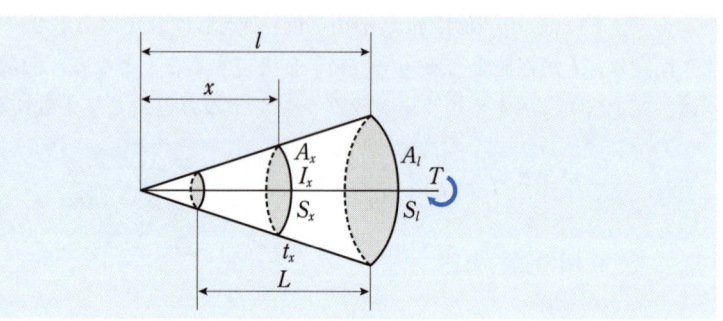

図 2.1　テーパ管

2.1.2　機械部品の最適形状の決定

図 2.1 に示したテーパ管で，重量を一定とし，ねじり角を最小とするような肉厚の決定に変分法を適用してみる．

例　管のねじり角は，

$$\theta = \frac{1}{G}\int_0^l \frac{T}{I_x}dx = \frac{4}{G}\int_0^l \frac{T}{\pi d_x^3}\frac{1}{t_x}dx \tag{2.7}$$

I_x：断面 2 次極モーメント $\left(= \dfrac{\pi}{4}t_x d_x{}^3\right)$

T：ねじりモーメント

G：横弾性係数

t_x：x の位置における肉厚

d_x：x の位置における直径

重量は，

$$W = \rho\pi\int_0^l t_x d_x dx \tag{2.8}$$

で与えられる．したがって，θ が式 (2.1) の I に，式 (2.2) の W が J に該当するので，オイラー・ラグランジュの方程式は，

$$\frac{\partial}{\partial t_x}\left(\frac{4T}{G d_x^3 t_x} + \lambda\rho\pi t_x d_x\right) = 0 \tag{2.9}$$

t_x について解くと，

$$t_x = \frac{2}{d_x{}^2}\sqrt{\frac{T}{\lambda G \rho \pi}} \tag{2.10}$$

式 (2.10) を式 (2.8) に代入し，λ を求めると，

$$\sqrt{\lambda} = \frac{1}{W}\int_0^l \sqrt{\frac{4T\rho}{G}\pi}\frac{1}{d_x}dx$$

これを式 (2.9) に代入すると

$$t_x = \frac{W}{d_x \rho \pi}\frac{1}{\displaystyle\int_0^l \frac{1}{d_x}dx} \tag{2.11}$$

となる．

2.1.3 最適な寸法公差の決定

一般的には，部品の製造価格は公差を大きくとるにつれ低下する．したがって，より高価な部品の公差は極力広くし，比較的安価な部品の公差は狭くして，価格の適正化を図るのが得策である．

いま，ある部品の製造費は

$$C_k = M_k + M_k' \tag{2.12}$$

$\quad M_k$：組立に要する寸法を出すのに要する費用

$\quad M_k'$：材料費，保管費等の費用

で表される．

図 2.2〜2.4 に，寸法公差と製造費の関係例を示しておいたが，一般に，M_k は公差の略 2 乗に反比例する．したがって，

$$M_k = K_k/u_k{}^2 \tag{2.13}$$

$\quad$ただし，K_k：定数

$\quad\quad\quad u_k$：公差

のように書き表せる．K_k は，与えられた公差内に部品を加工するのに要する製造費についての経験値から求める．

さて，組立品の全費用は，各部品の製造費の総和であることから，

第 2 章 設計の完成度を高める手法

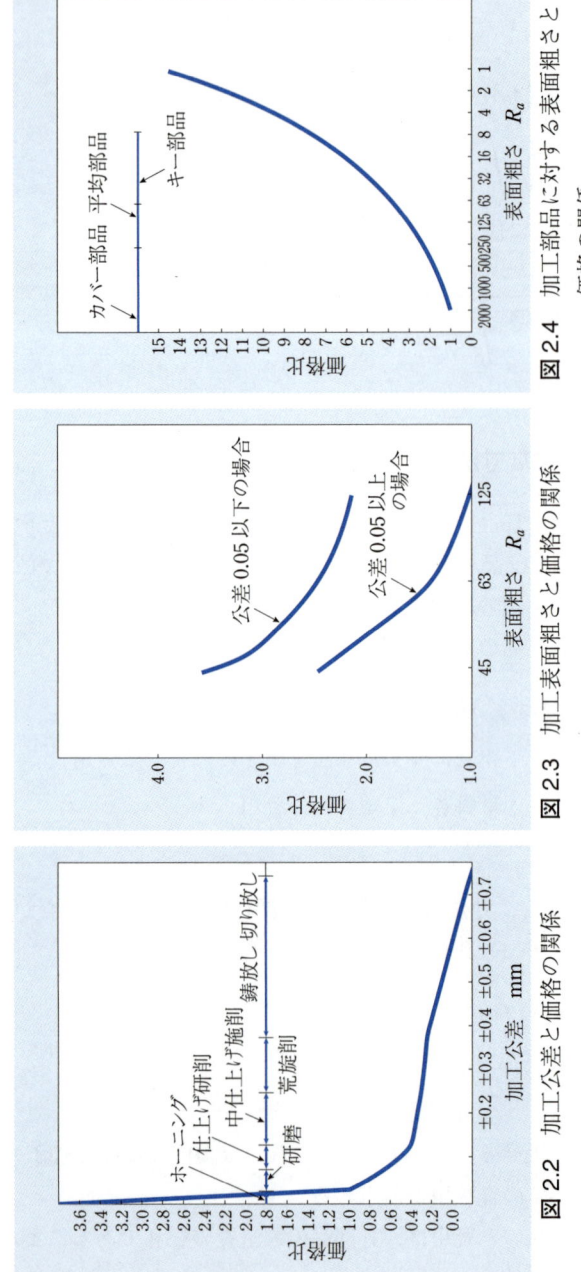

図 2.2 加工公差と価格の関係

図 2.3 加工表面粗さと価格の関係

図 2.4 加工部品に対する表面粗さと価格の関係

$$C_v = \sum_{k=1}^{n} C_k = F(u_1, u_2, u_3, \cdots) \tag{2.14}$$

次に指定する組立品の公差 u_v は，部品の公差 $u_1, u_2, \cdots, u_k$ の中に配分できるものとすると，

$$u_v = u_1 + u_2 + u_3 + \cdots = \phi(u_1, u_2, u_3, \cdots) \tag{2.15}$$

したがって，問題は，式 (2.15) を満足する公差の拘束に対して，コスト C_v を最小にすることである．これはオイラー・ラグランジュの手法により求めることができる．

$$\frac{\partial F}{\partial u_1} + \lambda \frac{\partial \phi}{\partial u_1} = 0, \quad \cdots, \quad \frac{\partial F}{\partial u_k} + \lambda \frac{\partial \phi}{\partial u_k} = 0 \tag{2.16}$$

ここで，λ は全ての式を満足する定数である．式 (2.12), (2.13) より

$$-\frac{2K_1}{u_1^3} + \lambda = 0, \quad -\frac{2K_2}{u_2^3} + \lambda = 0, \quad \cdots, \quad -\frac{2K_k}{u_k^3} + \lambda = 0 \tag{2.17}$$

式 (2.17) の第 1 式および第 2 式より

$$u_2 = \left(\frac{K_2}{K_1}\right)^{1/3} u_1 \tag{2.18}$$

以下同様にして，

$$u_3 = \left(\frac{K_3}{K_1}\right)^{1/3} u_1, \quad \cdots, \quad u_k = \left(\frac{K_k}{K_1}\right)^{1/3} u_1, \tag{2.19}$$

これを式 (2.15) に代入すると

$$u_v = u_1 + \left(\frac{K_2}{K_1}\right)^{1/3} u_1 + \left(\frac{K_3}{K_1}\right)^{1/3} u_1 + \cdots + \left(\frac{K_k}{K_1}\right)^{1/3} u_1 \tag{2.20}$$

u_1 について解くと

$$u_1 = \frac{u_v}{1 + \left(\frac{K_2}{K_1}\right)^{1/3} + \left(\frac{K_3}{K_1}\right)^{1/3} + \cdots + \left(\frac{K_k}{K_1}\right)^{1/3}} \tag{2.21}$$

が得られる．$u_2, u_3, \cdots, u_k$ については，(2.18), (2.19) に代入すれば求まる．

> **例題 2.1** 組立品の公差が
> $$u_v = (u_1{}^2 + u_2{}^2 + \cdots + u_n{}^2)^{1/2}$$
> となる場合について，部品の公差配分を解け．

解答 式 (2.13)，(2.14) に従って，

$$C_v = \frac{K_1}{u_1{}^2} + \frac{K_2}{u_2{}^2} + \cdots + \frac{K_n}{u_n{}^2} \tag{2.22}$$

および

$$u_v = (u_1{}^2 + u_2{}^2 + \cdots + u_n{}^2)^{1/2} \tag{2.23}$$

を偏微分し，式 (2.16) に代入すると

$$\begin{cases} -\dfrac{2K_1}{u_1{}^3} + \dfrac{\lambda u_1}{(u_1{}^2 + u_2{}^2 + \cdots + u_n{}^2)^{1/2}} = 0 \\ -\dfrac{2K_2}{u_2{}^3} + \dfrac{\lambda u_2}{(u_1{}^2 + u_2{}^2 + \cdots + u_n{}^2)^{1/2}} = 0 \\ \qquad \vdots \\ -\dfrac{2K_n}{u_n{}^3} + \dfrac{\lambda u_n}{(u_1{}^2 + u_2{}^2 + \cdots + u_n{}^2)^{1/2}} = 0 \end{cases} \tag{2.24}$$

となる．これより，

$$u_2 = \left(\frac{K_2}{K_1}\right)^{1/4} u_1, \quad u_3 = \left(\frac{K_3}{K_1}\right)^{1/4} u_1, \quad \cdots, \quad u_n = \left(\frac{K_n}{K_1}\right)^{1/4} u_1$$

したがって，

$$u_v = \left[u_1{}^2 + \left(\frac{K_2}{K_1}\right)^{1/2} u_1{}^2 + \cdots + \left(\frac{K_n}{K_1}\right)^{1/2} u_1{}^2 \right]^{1/2} \tag{2.25}$$

と与えられる．

2.2 組立性評価手法

装置を設計する場合，所定の強度を得るための費用，組立に要する総費用等を短期間に見積もらねばならない．見積もった費用が高ければ，部品形状を変更したりしなくてはならない．

2.2.1 構造体強度と価格の見積もり

一般に構造体は，重量を軽減すれば経済的であるが，同時に信頼性が低下し，破壊する確率が増大する．そこで，これらの要因を考慮した概略の価格の見積もりが求められる．

いま，構造体の製造費 C は，材料費 C_1，加工費 C_2，組立費 C_3 の合計であると考えると，

$$C = C_1 + C_2 + C_3$$

ここで，材料費，加工費および組立費は構造体の重量 W に比例すると見なし得るから，

$$C_1 = K_1 W, \quad C_2 = K_2 W, \quad C_3 = K_3 W \tag{2.26}$$

一方，所定の機能を達成するため，構造体に与えられる設計上の強度 S は，構造体に使用される材料の重量とも関係があり，一般的に

$$S = \alpha W^n \quad (n \leqq 1) \tag{2.27}$$

α：使用材料の材質によって決まる定数

と表される．

ここで，強度 S は，断面に作用する断面力と断面積の関係（応力）からもわかるように，大雑把には断面積（構造体寸法 $[L]$ の 2 乗に比例）に比例するものと見なせるので，

$$S = \alpha'[L]^2$$

一方，重量 W は，構造体寸法 $[L]$ の 3 乗に比例するものと見なせるので，

$$W = \alpha''[L]^3$$

と表される．

両式の次元 $[L]$ を考慮すると，式 (2.27) の n の値は

$$n = 2/3 \tag{2.28}$$

であると考えられる．

したがって強度と製造費とは，式 (2.26)，(2.28) より，

$$S = \alpha W^{2/3} = \alpha \left(\frac{C}{K_1 + K_2 + K_3} \right)^{2/3} \tag{2.29}$$

でほぼ関係付けられる．大雑把な見積もりの際には，強度は，重量の 2/3 乗，価格の 2/3 乗と判断すればよさそうである．

2.2.2 組立費用

組立の可否の判断指標となる組立に要する費用の算出法の一例について述べる．

■部品供給費の見積もり■

部品供給は，極力自動化しなくてはならない．その際，自動化に見合うだけの供給効率があるのか検討しなければならない．また部品によっては，自動供給できない形状のものも存在する．そのため，設計段階でも，形状寸法決定を価格を絡めて検討しなくてはならない．

表 2.1 は，部品供給費の指標をまとめた例である．部品供給は周知のように，部品の整列と供給の 2 つの要素からなっている．そこで，各欄に記載されている数値のうち，左側の値は，自動化の可能性の指標である整列効率 E_o を示す．右側の値は供給（パーツフィーダ）の相対費用 C_r（$A/B \leqq 3, A/C > 4$ となる部品を供給する場合の費用を基準とする）を示す．

部品 1 個当たりの自動供給費 C_f は，これらの値と標準的な整列供給装置の価格から概略が求まり，

$$C_f = K_l \times D_r \tag{2.30}$$

K_l：（フィーダにおける）$\dfrac{\text{部品を送る速度（分速）}}{\text{フィーダの価格}}$

D_r：部品供給の難しさを表す相対値

2.2 組立性評価手法

表 2.1 部品供給（整列と供給）の費用指標（文献 [3]）

		0	A>1.1B または B≤1.1C						0.1Bを超える大きさの穴や凹部があるもの	他の非対称形状のやや大きすぎるもの
		A>1.1B かつ B>1.1C	いずれかの軸に平行で一定の大きさの段差または面取り			いずれかの軸に平行で一定の大きさの貫通溝がある				手作業領域
			X軸かつ >0.1C	Y軸かつ >0.1C	Z軸かつ >0.1B	X軸かつ >0.1C	Y軸かつ >0.1C	Z軸かつ >0.1B		
		0	1	2	3	4	5	6	7	8
A>1.1B かつ B>1.1C	0	1 0.8 / 1 0.9 / 1 0.6	1 0.10 / 1 0.9 / 1 0.5	1 0.2 / 1 0.5 / 1 0.15	1 0.5 / 1 1.5 / 1 1.5	1 0.75 / 1 0.5 / 1 0.5	1 0.25 / 1 0.5 / 1 0.15	1 0.5 / 1 0.6 / 1 0.15	1 0.25 / 1 0.5 / 1 0.15	2 / 1 / 2
X軸	1	1 0.4 / 1 0.5 / 1 0.4	1 0.6 / 1 0.15 / 1 0.6	1 0.4 / 1 0.25 / 1 0.4	1.5 / 1.5 / 1.5	1 0.4 / 1 0.5 / 1 0.2	1 0.3 / 1 0.5 / 1 0.3	1 0.7 / 1 0.25 / 1 0.15	1 0.4 / 1 0.25 / 1 0.1	2 / 3 / 2
Y軸	2	1 0.4 / 1 0.4 / 1 0.5	1 0.3 / 1 0.2 / 1 0.15	1 0.4 / 1 0.25 / 1 0.5	1 0.4 / 1 1 / 2	1 0.4 / 1 0.4 / 1 0.2	1 0.3 / 1 0.25 / 1 0.3	1 0.4 / 1 0.25 / 1 0.15	1 0.4 / 1 0.25 / 1 0.15	2 / 1 / 2
Z軸	3	1 0.4 / 1 0.3 / 1 0.4	1 0.3 / 1 0.2 / 1 0.2	1 0.4 / 1 0.25 / 1 0.4	1.5 / 2 / 2	1 0.4 / 1 0.3 / 1 0.2	1 0.3 / 1 0.25 / 1 0.15	1 0.4 / 1 0.25 / 1 0.15	1 0.4 / 1 0.25 / 1 0.15	2 / 2 / 2
1つの特徴だけで向きが分かるもの	4	1 0.25 / 1 0.25 / 1 0.15	1 0.15 / 1 0.1 / 1 0.14	1 0.15 / 1.5 0.24 / 1 0.15	1.5 / 2 / 1.5	1 0.1 / 1 0.1 / 1 0.1	1 0.15 / 1 0.1 / 1 0.05	1 0.1 / 1 0.15 / 1 0.1	1 0.1 / 1 0.15 / 1 0.08	2 / 3 / 2
非対称部品	6	2 0.2 / 3 0.1 / 2 0.05	2 0.15 / 3.5 0.1 / 2 0.05	2 0.1 / 3.5 0.1 / 2 0.05	2.5 / 4 / 2.5	2 1.5 / 3 0.1 / 2 0.05	2 1.5 / 3 0.1 / 2 0.05	2 0.1 / 3.5 0.1 / 2 0.05	3 0.1 / 5 0.1 / 3 0.05	
その他	9									

向きを決めるのに2つの特徴が必要で、その1つが段差や面取り、凹部であるもの

	E_o	C_r
平板 ($A/B≤3$, $A/C>4$)	0.7	1
長板 ($A/B>3$)	0.45	1.5
サイコロ ($A/B≤3$, $A/C≤4$)	0.3	2

F_r：必要な供給量（個/分）
F_m：最大供給能力（個/分）
Y：部品中の最大寸法

とすると，

$F_r \leqq F_m$ のとき，
$$D_r = \frac{60C_r}{F_r}$$

$F_r > F_m$ のとき，
$$D_r = \frac{60C_r}{F_m}$$
$$F_m = \frac{1500E_o}{Y}$$

■組立費の見積もり■

組立費 C_i は，部品の挿入やねじ締めなどの作業内容と自動機の価格との相対費用で求められる．

$$C_i = K_i \times D_i \tag{2.31}$$
$$K_i : \frac{\text{組立に要する1分間当たりの作業速度（個/分）}}{\text{装置価格}}$$
D_i：部品挿入の難しさを表す相対値

となる．

W_c を自動機の相対費用とすると，

$F_r < 60$ のとき，
$$D_i = \frac{60\,W_c}{F_r}$$

$F_r > 60$ のとき，
$$D_i = W_c$$

W_c の値は，表 2.2 に示した値より求められる．

2.2 組立性評価手法

表 2.2 組立費の見積もり（文献 [3]）

				組み付け後の部品の割り出しや位置決めが不要			
				心合わせ，位置決めが容易		心合わせ，位置決めの手がかりがない	
				挿入力不要	挿入力必要	挿入力不要	挿入力必要
				0	1	2	3
最終締め付けのない部品組み付け	直線挿入	真上から	0	1	1.5	1.5	2.3
		真上以外	1	1.2	1.6	1.6	2.5
	挿入動作が直線以外		2	2	3	3	4.6
				次の作業の間，部品の向きや位置を一定に保つ必要がある			
				心合わせ，位置決めが容易		心合わせ，位置決めの手がかりがない	
				挿入力不要	挿入力必要	挿入力不要	挿入力必要
				6	7	8	9
最終締め付けのない部品組み付け	直線挿入	真上から	0	1.3	2	2	3
		真上以外	1	1.6	2.1	2.1	3.3
	挿入動作が直線以外		2	2.7	4	4	6.1

2.3 工程品質管理手法

2.3.1 製造原価

設計段階から，製造方法，精度を得るための加工機の選定などを考慮して，原価低減に寄与する必要がある．

部品の製造原価は，最も単純に考えると

$$製造原価 = 材料費 + \left(加工時間 \times \frac{部門総経費}{機械の総有効可動時間}\right) \quad (2.32)$$

となる．右辺の第 2 項が加工費であるが，これを低減するには，加工時間を短縮するか，部門総経費を削減するか，総有効稼働時間を延長すればよい．

現在の加工機（マシニングセンタ（MC），NC 等）は，価格が高価なため，償却費などの費用が増加する．それを補うため，加工時間を短縮すること，自動運転時間の延長を図ることが考えられる．加工時間の短縮を図るには，いままで，いくつかの部品に分割されていたものを集約，複合，一体化構造へと設計変更する．そして，一段取りで全加工を完了するよう機能形状および取り付け形状を工夫して，長時間の自動加工を可能とすることが必要である．当然ながら，そのような部品は鋳造品が多くなる．

このことにより，以下のことが可能となる．

① MC 等の工作機械を，長時間稼動できるようになり，例えば日中は，比較的段取り替えの頻繁な部品を加工し，夜間は，複合化一体構造部品を無人加工する．わずかな経費増でもって，稼動時間を延長でき，経費率を低減できる．

② 部品点数の減少により，工程が集約され，生産管理が容易になる．仕掛かり時間も減り，リードタイムも短縮できる．

③ 一体化構造により，加工面を減らすことができ，加工時間短縮のみならず組立工数も削減される．

以下に事例を示しておく．

図 2.5, 2.6 は，油圧シリンダの例である．従来は，鋼管と，軟鋼の角板の溶接構造とし，その製造工程では，旋盤，溶接，旋盤，ボール盤を要していた．材

(a) 改善前

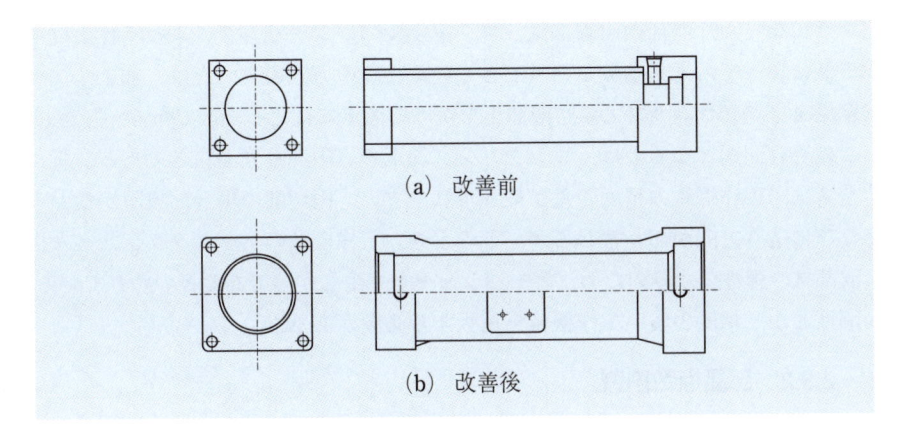

(b) 改善後

図 2.5　部品点数の削減（油圧シリンダ）

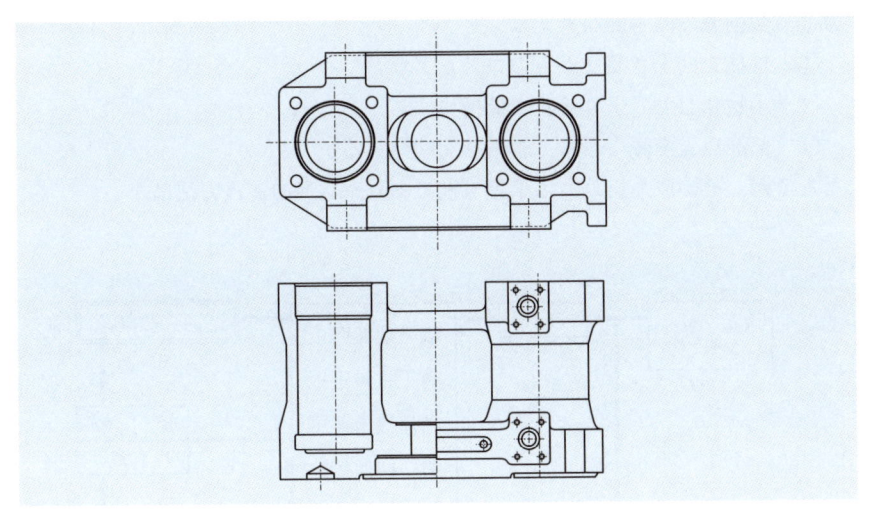

図 2.6　一体化構造例（シリンダフレーム）（文献 [8]）

質を FCD（ダクタイル鋳鉄）とし，しかも，機能追加して形状が複雑になったにも関わらず，一段取りできる．変更点は，油ポートをシリンダ側へ移したため，ヘッドカバーの向きを変える必要がなくなり，配管支えの剛性も向上させることができた．内径中央部は，旋盤切削から中ぐり盤加工になって，1個当たりの加工時間は延びたものの，数本まとめて治具に取り付けて無人加工できる

ようになった．内径の両端部は，エンドミルのコンタリングによって仕上げることによって，工具本数を削減できている．この方式の良い点は，加工寸法の変更をプログラム上で工具寸法補正をかけて簡単に行えることである．しかし，この場合問題となるのは，コンタリング加工の真円度と表面粗さである．特に前者は，工作機械の精度の差が最も現れやすい．円切削の場合，象限が変わるたびに送り方向が切り替わるが，このとき，工作機械のバックラッシュとか構成部材の弾性ひずみのため，オーバシュートを生じがちであるといわれている．剛性とか，精度の良い工作機械を選択する必要がある．

2.3.2　部品点数削減

競争市場では，原価低減が最優先される．原価低減へは図 2.7 に例示したような取り組みが考えられる．設計からの立場では，部品点数の削減に尽きる．部品点数削減の基本的な考えは，
① 性能を向上させながらのコストダウン
② 小型化して，より適正な機構にする
③ 部品点数を減らして，管理を簡略化する
となるが，その取り組み方は千差万別であり，共通の実践方法はない．

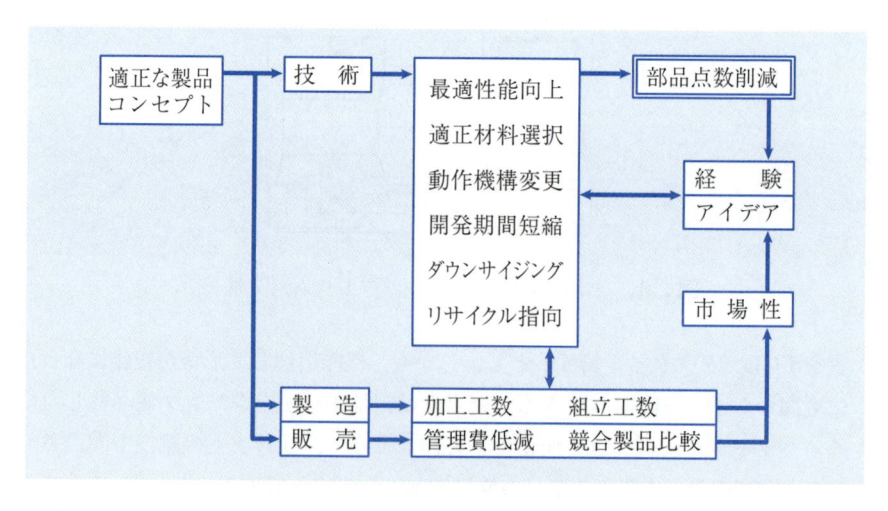

図 2.7　原価低減への取り組み

2.3 工程品質管理手法　　33

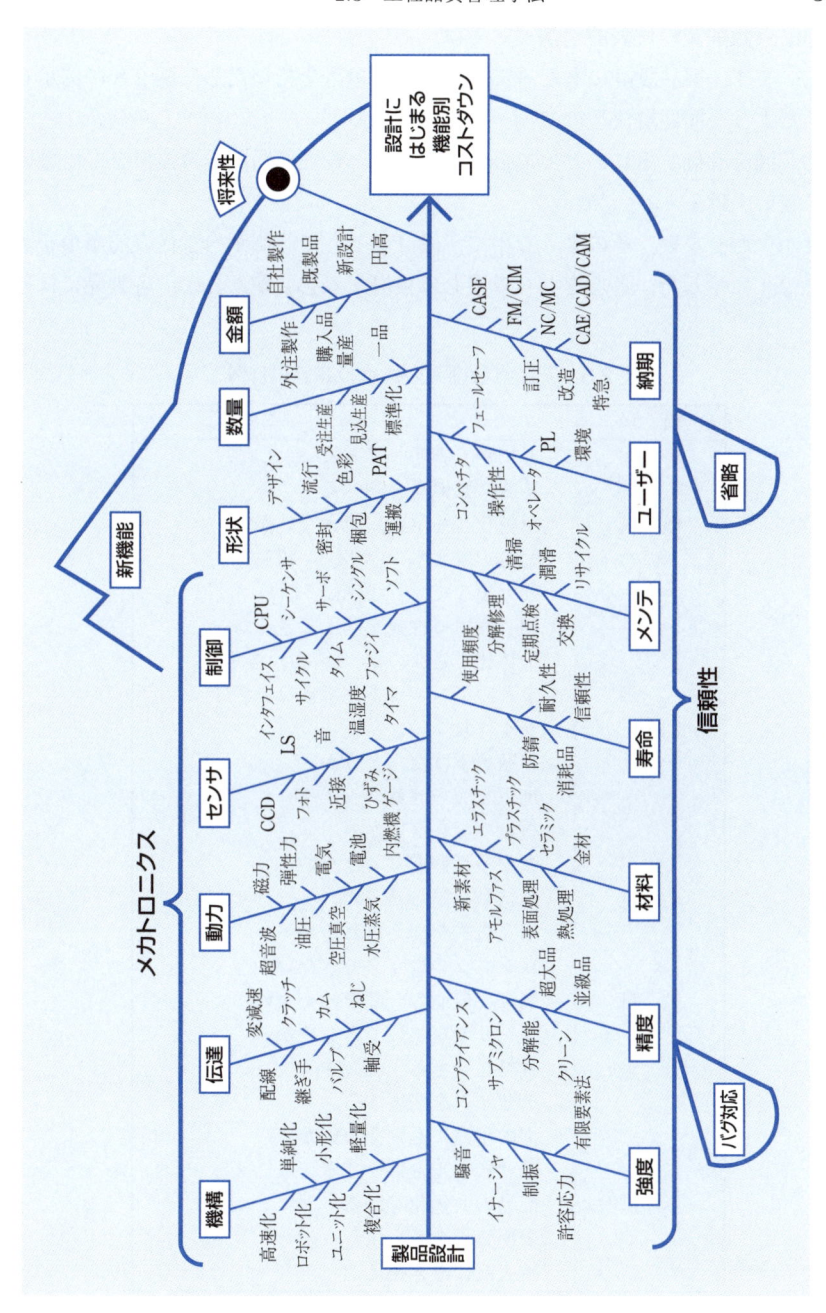

図 2.8　問題解決型フォーム（文献 [14]）

部品点数削減の代表的手法としては，
① まず，製品設計にあたって考慮すべき項目を拾いだし，図 2.8 に例示したような問題解決型のフォームを構築する
② 図を評価するにあたって，製造，営業，管理部門からの提言をも十分に吸い上げる

ことが欠かせない．そのような中で，設計者として評価すべき代表的事項を表 2.3, 2.4 に示した．各項をしらみ潰しに検討する必要があるが，各製品には独

表 2.3 部品点数削減のための評価項目例

項　目	
着　手	・とにかく省略してみる
	・特許，類似品を調べる
機　構	・単純化（簡単化）できないか
	・動力を変える（空気 ← 電動）
	・動力をなくす（磁石，ばね）
	・同じ機構で性能を向上できるか
	・一体化できないか（鋳物，溶接）
	・まとめてユニット化できないか
加　工	・安く作れないか
	・精度を下げたらどうか
	・加工を減らせるか
	・板金でできないか
	・金型多数個取りできないか
組　立	・締結数を減らせるか
	・組立方式を変えられるか
	・ワンタッチロックできないか
制　御	・制御で機能の一部を補えないか
	・センサをなしにできないか
管　理	・材料を変える（新素材）
	・デザインを変更する
	・別の用途にも使えないか
	・リサイクルも併せて考える
	・部品の共通化を図る
	・表面処理を減らす
	・購入品に置き換える

表 2.4 製品改善条件チェックリスト

項　目	条　件	
製品数量	量産か	少量生産か
製品仕様	新規か	改良か
	設計変更か	製作変更か
	機能向上か	限定用途か
	自社製作か	外注購入か
製品規模	大物か	小物か
	多品種か	単品種か
	複雑か	簡単か
	ラフか	精密か
	大形化か	小形化か
製品機能	動作か	静止か
	金属か	非金属か
	防塵か	クリーンか
	自動制御か	メカ追従か
	高速か	低速か
	大負荷か	無負荷か
	拘束か	フリーか
デザイン	カバーか	フレームか
発生源	社内要求か	ユーザークレームか
検討期間	緊急か	余裕ありか
特　許	新規申請か	既得調査か
製品寿命	拡販可能か	現状維持か
互換性	ありか	なしか
その他		

自の条件があるので，表のようなチェック項目を設け，どちら側に比重を寄せたいか検討する．このようにすれば，比較的容易に，適切な削減のアイデアを浮かび上がらせることができる．

　その際，以下のような項目について，あらかじめ目標値を設定しておくのがよい．

① どの程度のコストダウンを見込むのか．
② 何点の部品削減をしようとするのか．
③ 性能，機能を下げないで行うのか．

④ 寸法，重量，外観は変えられるのか．

2.3.3 最適材料の選択

極めて多種多様な工業材料の中から，仕様にかなう材料を迅速，適切に選択する必要がある．

ここでは，与えられた仕様に対して，選択した材料がどの程度かなった材料であるかを評価する簡単な手法を述べる．ただし，材料データは，日本機会学会発行の資料等を参考にした一覧表として，事前に用意してあるものとする．

図 2.9 に示したように与えられた仕様に対して，理想的と考えられる材料の諸性質（例えば，引張り強さ，疲れ強さ，クリープ強さ等）の値 Y_i を中心 O から放射線状に伸ばした座標上に記す．この際，記された点を隣同士互いに結んで形成される多角形が，正多角形になるように座標の目盛りの大きさを定める．次に，この座標上に，選択した材料の諸性質の値 X_i を記し，各点を結んで同様の多角形を作図する．前者による図と，後者による図とを視覚的に比較し，その適合度を判断する．

ここで，視覚的に捉えていくには，莫大な労力と時間を要するので，2つの値 α, β を導入して，図を数学的に扱う．

$$\alpha = \frac{\sum_{i=1}^{n} K_i \frac{X_i}{Y_i}}{\sum_{i=1}^{n} K_i}, \quad \beta = \sqrt{\sum_{i=1}^{n} \left(\frac{X_i}{Y_i} - \alpha\right)^2} \tag{2.33}$$

K_i：重み係数

α は平均値であり，図の Y_i で示される正多角形への近接度を表す．β はその平均値周りの標準偏差に相当するものである．すなわち，統計学の知識より，α の値が 1 に近く，かつ，β の値が 0 に近いほどその材料の特性は，図の正多角形に近く，設計仕様に適合したものとなる．

ここで，さらに，扱いを容易にするため，

$$\gamma = \sqrt{(1-\alpha)^2 + \beta^2} \tag{2.34}$$

なる値を用い，その値が 0 に近いものを選択する．

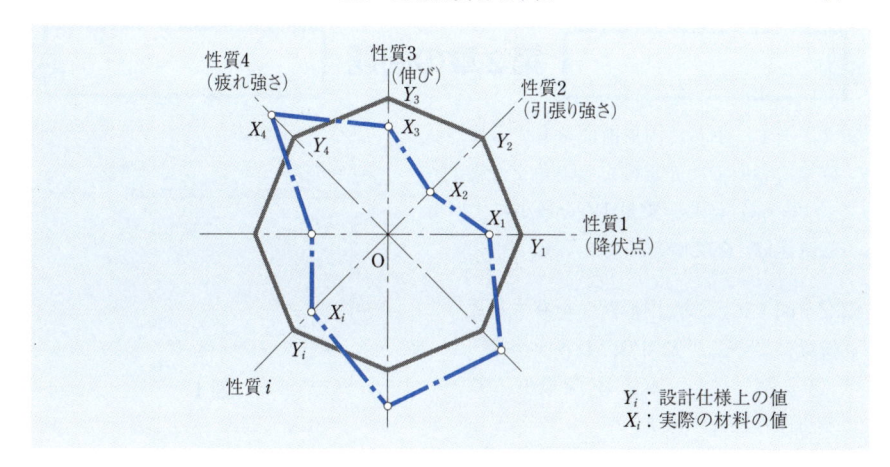

図 2.9　設計仕様との適合性の評価

さて，K_i は，0 から 1 までの値を設計上におけるその材料の性質の重要性を考慮して，相対的に決める．すなわち，0 は設計上全く重要性の無い材料の性質に対して付与し，1 は最も重要な性質に対して付与する．中間の値は，設計時における仕様を考慮して，適当に付ける．

第 2 章の問題

■ 1 図Ⅰに示した円形断面を有する片持梁について，先端のたわみ角を一定（$\gamma = \gamma_0$）にし，重量 W を最小にする直径 d_x を求めよ．

■ 2 図Ⅰに示した円形断面を有する片持梁について，先端のたわみを一定（$\delta = \delta_0$）にし，重量 W を最小にする断面寸法を求めよ．

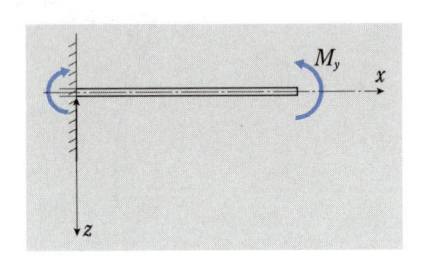

図Ⅰ

■ 3 図Ⅰに示した円形断面を有する片持梁について，重量を一定とし，先端のたわみ角を最小にする断面寸法を求めよ．

■ 4 図Ⅱに示したような高速で円盤を回転させる装置（フライホイール式発電装置）の重量を概略計算せよ（計算式は，米国 PB レポートによる）．

フライホイール部重量　　$W_0 = K_0 \dfrac{e_0}{E_0} = K_0 \dfrac{e_s}{E_0} U_0 U_1$

発電機重量　　$W_1 = C_1 \dfrac{P_1}{U_1}$

ハウジング部重量　　$W_2 = K_2 W_0$

ジンバルブ部重量　　$W_3 = K_3 W_0$

出入力制御装置重量　　$W_4 = C_4 \dfrac{P_s}{U_4} = C_4 U_1 \dfrac{P_1}{U_4}$

$$= \left(C_4 \dfrac{U_1{}^2}{U_4} C_1 \right) W_1$$

$$W_4 = K_4 W_1$$

$$K_4 = \dfrac{C_4 U_1{}^2}{U_4 C_1}$$

真空ポンプ　　$W_5 = K_5 W_1$

ただし，

E_0：フライホイールだけのエネルギー密度 [Wh/kg]
e_0：フライホイールの貯蔵エネルギー [Wh]
U_0：フライホイール部のエネルギー効率

第 2 章の問題

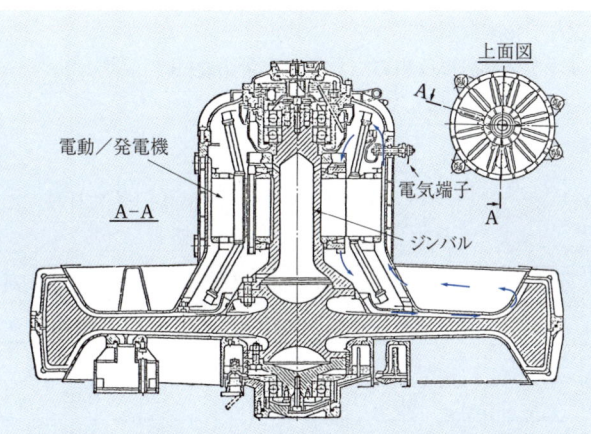

ジャイロ バス用 （9kWh　1626φ, 1485kg　3000rpm）

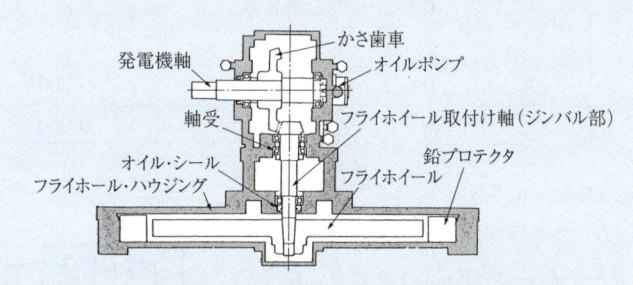

フライホイールカー用 （0.22kWh　500φ×30　10000rpm）
(a) 電機式

(b) 油圧ポンプ／モータ式

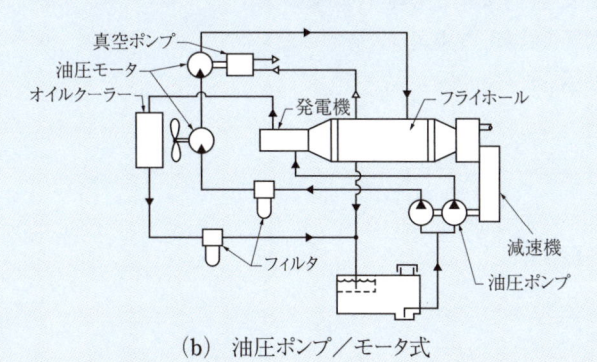

図 II　フライホイール式発電装置の構成

K_0：フライホイールの強度安全率
U_1：発電機部効率
C_1：発電機単位出力当たりの重量 [kg/W]
P_1：発電機出力 [W]

全装置重量

$$W_s = \frac{K_0 \cdot e_s}{E_0 \cdot U_0 \cdot U_1}(1 + K_2 + K_3) + \frac{C_1 \cdot P_s}{U_1{}^2}(1.02 + K_4)$$

	鋼	ガラス繊維	炭素繊維
U_0	0.94	0.96	0.98
U_1	0.70	0.90	0.95
U_4	0.90	0.95	0.97
K_0	1.2	1.1	1.05
K_2	0.7	0.6	0.6
K_3	2	1.2	1
C_1	0.002	0.001	0.0005
C_4	0.001	0.0006	0.0002

■ 5 図 III に示したように種々の部品を組み立てて，ひとつのシステムを構成する場合，各部品の効率を x_1, x_2, x_3, x_4 とする．各部品の効率を加え合わせて求めた平均効率を，ある目標値にあるようにする．この場合，このシステムの全体効率を最大にするには，各効率をどのようにすればよいか．

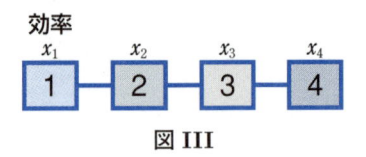

図 III

第3章
設計の検証

- 3.1 信頼性と故障
- 3.2 システム設計の基礎
- 3.3 製品寸法が規格に合格する確率
- 3.4 公差の管理
- 3.5 開発設計時の事前評価システム

本章では…

　設計部門では，顧客の嗜好，製造から販売までの過程でもたらされる諸課題等について多くの要因を加味して取り組む必要がある．その中には，不確定要因も多いが，それらに対して逐一保証を与える必要がある．換言すれば，設計の検証が必要となるわけである．そのためには，設計者自身にとっても，確率論的な扱い，知識が必要となる．
　本章では，「信頼性と故障」，「フェール設計」，「製品が規格に合格する確率」，「寸法公差の管理」に的を絞って，その手法について述べる．
　また，技術開発にあたっては，事前評価が必須である．その手法は米国RAND社によって手がけられてきた．この手法の概略について述べる．

3.1　信頼性と故障

　機械や設備は，いつまでも規定された機能を維持できるわけではなく，故障も起こす．故障の発生する確率 P（故障率）は，ある時点で駆動している機械や設備の総数 N のうち，機能が達成できなくなって，その時点で排除されてしまう数（$-dN/dt$）との割合（$P = -(dN/dt)/N$）で示される．

　この故障率は，時間とともに変わる．一般に，機械や設備の故障率を時間に対して概念的に記すと，図 3.1 のようになる．図は，**故障率曲線**と呼ばれるものである．

第 I 期　　使用開始後，機械や設備に含まれている欠陥によって，比較的早い時期に故障することによる．このような故障は，時間の経過とともに少なくなる．この期間を**初期故障期間**と呼ぶ．

第 II 期　　第 I 期を過ぎると，略一定値に落ち着く．この期間を**偶発故障期間**という．この偶発故障期間はかなり長期間続く．

第 III 期　　第 II 期経過後，故障率が増加し始めて，やがて使用に耐えなくなるまでの期間である．この故障の増加する期間を**摩耗故障期間**という．

　最初，多くの設備なり部品が存在していても，故障が生じると排除されてしまうので，残存する設備，部品は時間とともに減少していく．いま，ある時点

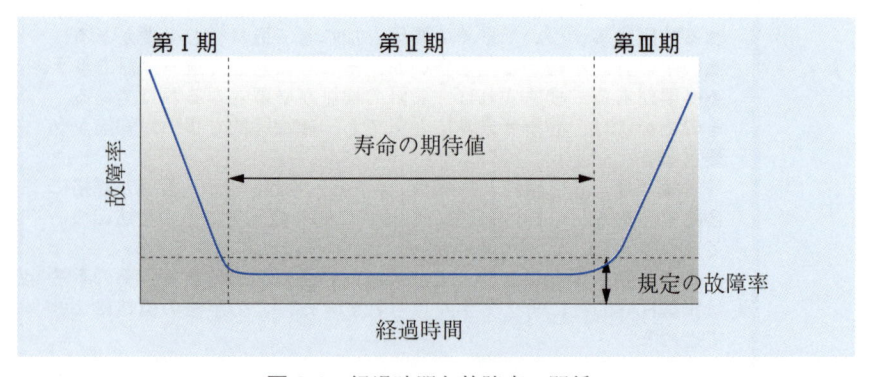

図 3.1　経過時間と故障率の関係

で残存して駆動している数 N と故障率 P との関係を示すと，

$$-\frac{1}{N}\frac{dN}{dt} = P \tag{3.1}$$

N：残存数，P：故障率

と表現される．

ちなみに，第 II 期については P：一定 となるので，上式より

$$N = N_0 e^{-Pt} \tag{3.2}$$

N_0：第 II 期における初めの数

で与えられる．

故障とは逆に，「その機械や設備がいつまでも規定された性能で使用できる」場合は，**信頼性**があるという．**信頼度**は信頼性を定量化するために確率によって表現したもので，「機械や設備が定められた条件の下で，定められた期間中に所要の機能，性質を発揮する確率」である．したがって，定められた期間が極めて短期間の場合，信頼度は，その時点での故障率を考慮して

$$R = 1 - P \tag{3.3}$$

ととってもよい．

しかし，長期にわたる場合は，故障により，信頼度は徐々に低下する．したがって，信頼度は，故障率 P を時間に沿って積分し，

$$R = 1 - \int_{t_0}^{t} P\,dt \tag{3.4}$$

t_0：故障率曲線上で，信頼度を計算する上での起点となる時点

で与えられる．

例題 3.1 故障率曲線の第 I 期の故障率が $P = \dfrac{P_2 - P_0}{t_1}t + P_0$ で直線的に減少し，第 II 期が $P = P_2$ （一定）で示される場合，経過時間 t における信頼度を求めよ．

解答 $0 \leqq t \leqq t_1$ の場合：

$$R = 1 - \int_0^t \left(\frac{P_2 - P_0}{t_1} t + P_0 \right) dt = 1 - \frac{t^2}{2} \frac{P_2 - P_0}{t_1} - P_0 t$$

$t_1 \leqq t$ の場合：

$$R = 1 - \int_0^{t_1} \left(\frac{P_2 - P_0}{t_1} t + P_0 \right) dt - \int_{t_1}^t P_2 dt$$

$$= 1 - \frac{P_2 - P_0}{2} t_1 - P_0 t_1 - P_2 (t - t_1)$$

これより，第 I 期では 2 次曲線的に，II 期では直線的に減少することがわかる．

このように，信頼度は時間とともに減少する．図 3.1 に示したような一般的な故障率曲線の場合では，図 3.2 に示したような様相を示す（**信頼度曲線**）．

設計にあたっては，所定の値以上の信頼度を維持することが必要であるが，信頼度は，定義にもある下記の要因によって，影響されることを念頭に入れておく必要がある．

① **定められた期間**$(t_0 \sim t)$：一般に，時間で示される．連続運転するプラントでは，1 日の信頼度，1 年の信頼度のように，期間を区切って考えることもできる．
② **定められた条件**：機械や設備が運転される環境（温度，湿度，振動，衝撃，塵埃など），負荷のかけ方，運転方法，保全方法など．
③ **規定された性能**：仕様書などで定められた性能で，出力，生産量などで表される．

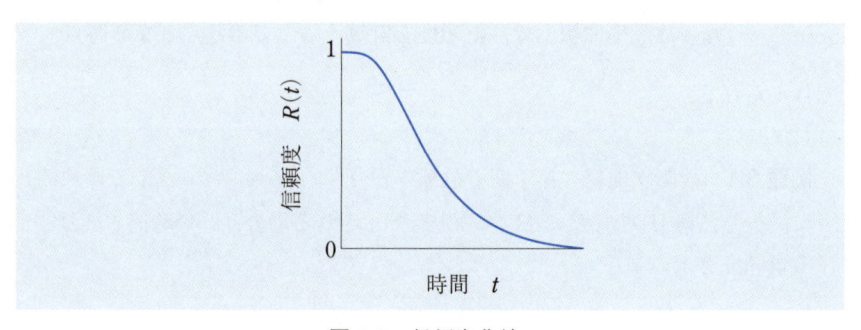

図 3.2　信頼度曲線

3.2 システム設計の基礎

3.2.1 システムの信頼性

図 3.3 のように部品を，
(a) 直列的に組み込んでシステム構成をした場合
(b) 並列的に組み込んでシステム構成をした場合

の故障する確率について考える．

直列的に組むとは，部品の1つが故障すると，システムが機能停止する場合である．

並列的に組み込むとは，部品の全部が故障して初めてシステムの機能停止が生じる場合である．その場合でも，最初から全部の部品に負荷が掛かる**同時並列**システムと，故障すると次々に負荷が掛かる**逐次並列**システムとがある．

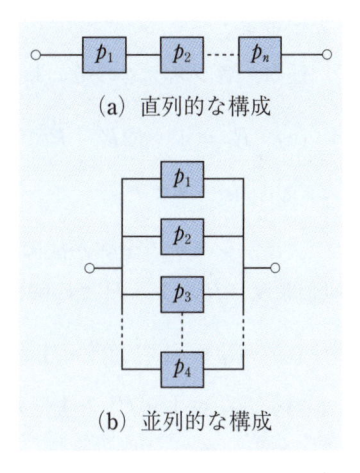

(a) 直列的な構成

(b) 並列的な構成

図 3.3 システムの構成

このようにして構成されたシステムの故障する確率を求めてみる．例として，A, B の2部品からなるシステムをとり上げる．ある時点における各部品の故障する確率 (故障率) が P のとき，システム全体が故障する確率は次のようになる．

(a) A, B 部品を直列的に組み込んだシステム

$$P + (1-P)P = 2P - P^2 \qquad (3.5)$$

これは，以下のようにして求まる．

　　〔A が故障する確率 (P)〕
　　　＋〔A は故障せず $(1-P)$，B が故障する確率 $((1-P)P)$〕

(b) A, B 部品を並列的に組み込んだシステム

$$1 - \{(1-P)^2 + 2(1-P)P\} = P^2 \qquad (3.6)$$

これは，

$$1 - \{[A，B ともに故障しない確率 (1-P)^2] \\ +[A，B のどちらかが故障する確率 2(1-P)P]\}$$

から求まる．

逆に，各システムのその時点において故障しない確率 R_t は，

(a) $\quad R_t = 1 - (2P - P^2) = (1-P)^2 \qquad (3.7)$

(b) $\quad R_t = 1 - P^2 \qquad (3.8)$

次に，システム全体が故障しない確率 R_t と，個々の部品の故障しない確率（信頼度）$R = 1 - P$ との関係を検討してみると，

(a) $\quad R_t = (1-P)^2 < 1 - P \qquad (3.9)$

(b) $\quad R_t = 1 - P^2 > 1 - P \qquad (3.10)$

となるから，直列の場合には，単一部品よりも故障しない確率が下がり，並列の場合は上がることがわかる．

例題 3.2 図 3.4 に示したような種々のシステム構成の各場合について，システム全体の故障する確率を求めよ．また，P の具体的数値を種々にとった場合の故障しない確率 R_t を求め，P と R_t との関係を求めよ．

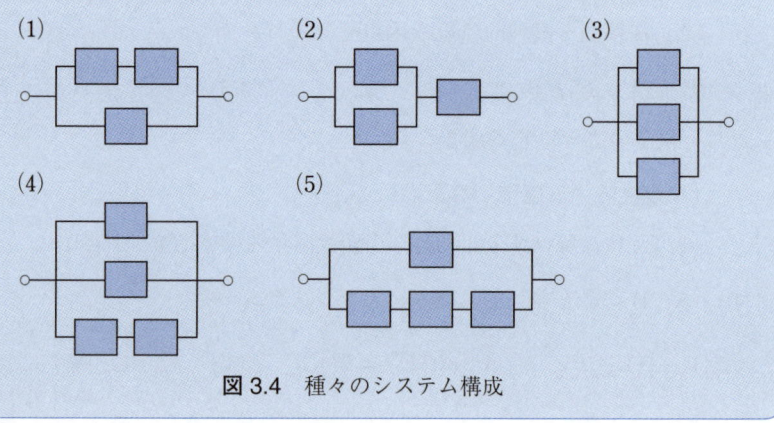

図 3.4 種々のシステム構成

解答 (1) $P(2P - P^2) = 2P^2 - P^3, \quad R_t = 1 - 2P^2 + P^3 > 1 - P$
(2) $P^2 + (1 - P^2)P = P + P^2 - P^3,$
$R_t = 1 - P - P^2 + P^3 = (1 - P)(1 - P^2) < 1 - P$
(3) $P^3, \quad R_t = 1 - P^3 > 1 - P$
(4) $P^2(2P - P^2) = 2P^3 - P^4, \quad R_t = 1 - 2P^3 + P^4 > 1 - P$
(5) $P\{P + (1 - P)P + (1 - P)^2 P\} = 3P^2 - 3P^3 + P^4,$
$R_t = 1 - 3P^2 + 3P^3 - P^4 > 1 - P$

3.2.2 フェール・セーフ設計

■フェール・セーフ設計の対象とするシステム■

システム（構造体）のどこか一部分が破損（あるいは破壊）しても，ある限られた期間は設計荷重のかなりの割合に耐えられるようにしておく．そして，破損箇所をできるだけ早く発見し，補強や交換などの対策をとれるようにする設計方法である．

フェール・セーフ設計の対象とする構造は，次のようなものがある．

① 破損を受けた部材が引き続き荷重を受け持つシステム（あるいは構造体）：疲れのため，亀裂が入っても，その進展速度が遅く，急激な破壊に至らなかったり，亀裂が部分的な範囲にとどまるようなシステム（あるいは構造体）．

② 最初から他の部材と負荷を分担し合って受け持っていて，一部材が破損あるいは破壊した場合，残った部材の負荷の受け持ち分が増えるようなシステム（あるいは構造体）．
（これは同時並列システムである）

③ 一方の部材には，始めは全然負荷が掛かっていないが，ある部材が破損あるいは破壊したら，それが受け持っていた負荷を全部他の部材が肩代わりして受け持つシステム（あるいは構造体）．
（これは逐次並列システムである）

④ システム（あるいは構造体）のどこかが破損あるいは破壊すると，それ以上の負荷が加わらなくなるシステム（あるいは構造体）．

■フェール・セーフ設計の信頼度■

N 個の等しい部材よりなる構造で，その 1 個のある時点での故障しない確率を R とするとき，N 個中の任意の 1 個は破壊しても，なお全体としては安全な場合，システムの故障しない確率は R_t は

$$\begin{aligned} R_t &= \binom{N}{N} R^N (1-R)^0 + \binom{N}{N-1} R^{N-1}(1-R) \\ &= R^N + NR^{N-1}(1-R) \\ &= R^{N-1}(N-(N-1)R) \end{aligned} \tag{3.11}$$

─〈注意：記号の意味〉─

$\binom{m}{2} p^2 (1-p)^{m-2}$ ：m 個のうち 2 個が故障する確率

$\binom{n}{k}$ ：n 個の異なるものから 1 度に k 個を繰返しなくとる場合の組合せ

$\binom{n}{k} = {}_nC_k = \dfrac{{}_nP_k}{k!} = \dfrac{1}{k!}\dfrac{n!}{(n-k)!}$

3.3 製品寸法が規格に合格する確率

設計時には，寸法は必ず所定の規格値内に入るよう決定している．しかし，でき上がった製品は，加工機の精度などにより，所定の規格値内に入っているとは限らない．加工機の精度管理上からも，製品寸法が規格に合格する確率を検討しておく必要がある．

これは，図 3.5 に示したように，製品寸法 X の分布 $f(X)$（確率密度関数である）を描き，規定の寸法 $a \sim b$ 内に入っている割合の確率 $P(a < X < b)$（累積分布関数となる）より求める．

$$P(a < X < b) = \int_a^b f(X)dX \tag{3.12}$$

一般に，$f(X)$ は，正規分布となる．分布の平均値を μ，標準偏差を σ として書き改めると，

$$\begin{aligned} P(a < X < b) &= \int_a^b \frac{1}{\sqrt{2\pi}} \exp\left(-\frac{(X-\mu)^2}{2\sigma^2}\right) dX \\ &= \int_{(a-\mu)/\sigma}^{(b-\mu)/\sigma} \frac{1}{\sqrt{2\pi}} \exp\left(-\frac{z^2}{2}\right) dz \end{aligned} \tag{3.13}$$

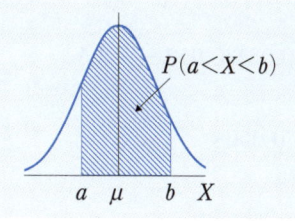

図 3.5 正規分布の確率密度関数（変数 X の分布）

式 (3.13) の値は，表 3.1 に示した**正規分布の積分表**から容易に求められる．いま，式 (3.13) の積分の上限 b を $b = \mu + K\sigma$（したがって，$(b-\mu)/\sigma = K$）とした場合，この表では，$K_\varepsilon = K$ の値をとればよいことになる．

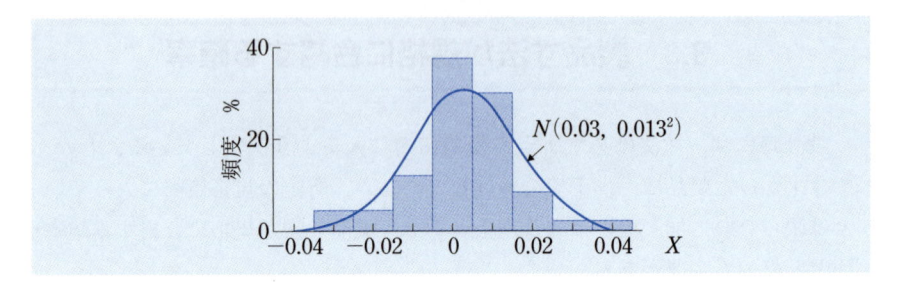

図 3.6 実際の分布と正規分布との比較（例：植込みボルトの有効径の分布）

例 ある社で製造した植込みボルトの有効径の分布が，図 3.6 の分布で示されるような正規分布 $N(0.03, 0.013^2)$ であったとする．このボルトが，社内規格（最大許容寸法差：$+0.045$，最小許容寸法：-0.015）に合格する確率はどの程度であるかを求めてみる．式 (3.13) において，

$$P(a < X < b) = \int_{(-0.015-0.03)/0.013}^{(0.045-0.03)/0.013} \frac{1}{\sqrt{2\pi}} \exp\left(-\frac{z^2}{2}\right) dz \quad (3.14)$$

表 3.1 より

$$K_\varepsilon = (0.045 - 0.03)/0.013 = 1.15$$

の場合

$$\varepsilon = 0.1251$$

であり，また，

$$K_\varepsilon = (-0.015 - 0.03)/0.013 = -3.5$$

の場合

$$\varepsilon = 1 - 0.0002 = 0.9998$$

であるので

$$P(a < X < b) = 0.985$$

と求まる．

3.3 製品寸法が規格に合格する確率

表 3.1 正規分布の積分表

$$\frac{1}{\sqrt{2\pi}} \int_{K_\varepsilon}^{\infty} \exp\left(-\frac{z^2}{2}\right) dt = \varepsilon$$

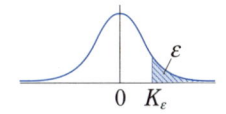

K_ε	.00	.01	.02	.03	.04	.05	.06	.07	.08	.09
0.0	.5000	.4960	.4920	.4880	.4840	.4801	.4761	.4721	.4681	.4641
0.1	.4602	.4562	.4522	.4483	.4443	.4404	.4364	.4325	.4286	.4247
0.2	.4207	.4168	.4129	.4090	.4052	.4013	.3947	.3936	.3897	.3859
0.3	.3821	.3783	.3745	.3707	.3669	.3632	.3594	3557	.3520	.3483
0.4	.3446	.3409	.3372	.3336	.3300	.3264	.3228	.3192	.3156	.3121
0.5	.3085	.3050	.3015	.2981	.2946	.2912	.2877	.2843	.2810	.2776
0.6	.2743	.2709	.2676	.2643	.2611	.2578	.2546	.2514	.2483	.2451
0.7	.2420	.2389	.2358	.2327	.2296	.2266	.2236	.2206	.2177	.2148
0.8	.2119	.2090	.2061	.2033	.2005	.1977	.1949	.1922	.1894	.1867
0.9	.1841	.1814	.1788	.1762	.1736	.1711	.1685	.1660	.1635	.1611
1.0	.1587	.1562	.1539	.1515	.1492	.1469	.1446	.1423	.1401	.1379
1.1	.1357	.1335	.1314	.1292	.1271	.1251	.1230	.1210	1190	.1170
1.2	.1151	.1131	.1112	.1093	.1075	.1056	.1038	.1020	.1003	.0985
1.3	.0968	.0951	.0934	.0918	.0901	.0885	.0869	.0853	.0838	.0823
1.4	.0808	.0793	.0778	.0764	.0749	.0735	.0721	.0708	.0694	.0681
1.5	.0668	.0655	.0643	.0630	.0618	.0606	.0594	.0582	.0571	.0559
1.6	.0548	.0537	.0526	.0516	.0505	.0495	.0485	.0475	.0465	.0455
1.7	.0446	.0436	.0427	.0418	.0409	.0401	.0392	.0384	.0375	.0367
1.8	.0359	.0351	.0344	.0336	.0329	.0322	.0314	.0307	.0301	.0294
1.9	.0287	.0281	.0274	.0268	.0262	.0256	.0250	.0244	.0239	.0233
2.0	.0228	.0222	.0217	.0212	.0207	.0202	.0197	.0192	.0188	.0183
2.1	.0179	.0174	.0170	.0166	.0162	.0158	.0154	.0150	.0146	.0143
2.2	.0139	.0136	.0132	.0129	.0125	.0122	.0119	.0116	.0113	.0110
2.3	.0107	.0104	.0102	.0099	.0096	.0094	.0091	.0089	.0087	.0084
2.4	.0082	.0080	.0078	.0075	.0073	.0071	.0069	.0068	.0066	.0064
2.5	.0062	.0060	.0059	.0057	.0055	.0054	.0052	.0051	.0049	.0048
2.6	.0047	.0045	.0044	.0043	.0041	.0040	.0039	.0038	.0037	.0036
2.7	.0035	.0034	.0033	.0032	.0031	.0030	.0029	.0028	.0027	.0026
2.8	.0026	.0025	.0024	.0023	.0023	.0022	.0021	.0021	.0020	.0019
2.9	.0019	.0018	.0018	.0017	.0016	.0016	.0015	.0015	.0014	.0014
3.0	.0013	.0013	.0013	.0012	.0012	.0011	.0011	.0011	.0010	.0010
3.1	.0010	.0009	.0009	.0009	.0008	.0008	.0008	.0008	.0007	.0007
3.2	.0007	.0007	.0006	.0006	.0006	.0006	.0006	.0005	.0005	.0005
3.3	.0005	.0005	.0005	.0004	.0004	.0004	.0004	.0004	.0004	.0003
3.4	.0003	.0003	.0003	.0003	.0003	.0003	.0003	.0003	.0003	.0002
3.5	.0002	.0002	.0002	.0002	.0002	.0002	.0002	.0002	.0002	.0002
3.6	.0002	.0002	.0001	.0001	.0001	.0001	.0001	.0001	.0001	.0001
3.7	.0001	.0001	.0001	.0001	.0001	.0001	.0001	.0001	.0001	.0001
3.8	.0001	.0001	.0001	.0001	.0001	.0001	.0001	.0001	.0001	.0001
3.9	.00005	.00005	.00004	.00004	.00004	.00004	.00004	.00004	.00003	.00003

3.4 公差の管理

3.4.1 加工管理と公差の分布状態

生産品について，公差の分布状態を測定したとすれば，図 3.7 のようになると考えられる．

この中でも，最も代表的な分布形態は，正規分布型 (a) と矩形分布型 (c) である．

① **正規分布型**は，呼び寸法等図面に照らして製作したような場合の結果にあらわれる．その分布は，平均値と標準偏差で規定できる（平均値 μ は，分布の中心を表し，標準偏差 σ は分布の広がりを示す）．また，正規分布でないものをいくつか組み合わせて製作した場合にも，全体としては正規分布となる．

② **矩形分布型**は，以下のような事柄が起因する場合にあらわれる．
　・加工工程が管理されていない作業者に，公差限度以内なら，部品をどの

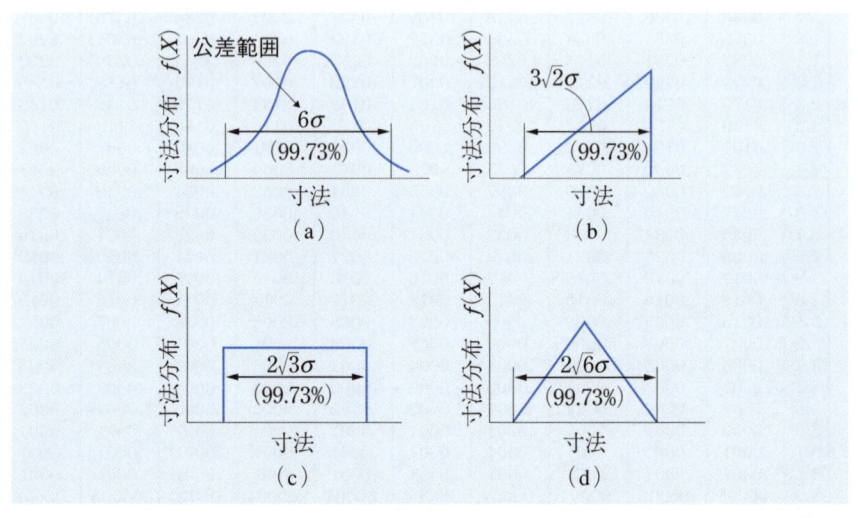

図 3.7　部品寸法の分布
（　%）は公差範囲を $n\sigma$（σ：標準偏差）と
とった場合に寸法がその中に含まれる確率

ように製作してもよいと命ぜられている場合
・加工機がいく種類もあり，公差の上限または下限にばらつく場合
・工具磨耗が激しい場合
・不良品が多い場合

このように，寸法分布からも，ある程度，加工上の課題が抽出できる．

3.4.2 組立品の寸法公差の推定

製品寸法が規格に合格する確率の節 (§3.3) でも述べたように，寸法公差は，寸法分布における閾値として扱える．したがって，公差の値 a を寸法分布における標準偏差 σ の $\pm\alpha$ 倍として規定できる．

統計学によれば，独立変数の分布が判明している場合，平均値より標準偏差 σ の ± 3 倍までの間に含まれる変数の数量は 99.7% に達する．標準偏差 σ の ± 2 倍の場合は 95.4%，± 1 倍の場合は 68.3% である．そこで，平均値より $\pm\alpha\sigma$ の値を閾値とし，変数の評価をすることが考えられる．

したがって，寸法公差が表 3.2 に示した**公差等級表（JISB0405）**で粗級 c 程度の場合は，$\alpha = 3$ 程度でよいであろうが，より厳しい精級 f の場合には $\alpha = 1$ 以下にする必要があろう．

以上のようなことから，寸法公差 a が与えられた場合，寸法分布の標準偏差 σ は，概略 a/α と考えてもよさそうである．

次に，個々の部品の寸法公差が規定されている場合，組立品の寸法分布ひいては寸法公差がどのようになるかを検討してみる．統計学によれば，種々の独

表 3.2 寸法公差の等級（単位 mm）

公差等級		基準寸法の区分							
記号	説明	0.5 以上 3 以下	3 を超え 6 以下	6 を超え 30 以下	30 を超え 120 以下	120 を超え 400 以下	400 を超え 1 000 以下	1 000 を超え 2 000 以下	2 000 を超え 4 000 以下
		許容差							
f	精級	±0.05	±0.05	±0.1	±0.15	±0.2	±0.3	±0.5	—
m	中級	±0.1	±0.1	±0.2	±0.3	±0.5	±0.8	±1.2	±2
c	粗級	±0.2	±0.3	±0.5	±0.8	±1.2	±2	±3	±4
v	極粗級	—	±0.5	±1	±1.5	±2.5	±4	±6	±8

立変数の分布を総和した場合の分布については，その標準偏差 σ_{total} は個々の独立変数の標準偏差 σ_i の2乗の和の平方根に等しい．

$$\sigma_{\text{total}} = \sqrt{\sum \sigma_i^2} \tag{3.15}$$

したがって，**組立品の寸法分布の標準偏差** σ_T は，部品寸法の標準偏差 σ（前述した概略値：a/α）の2乗の和の平方根に等しいと見なせる．

$$\sigma_T = \sqrt{\sum \sigma_i^2} = \sqrt{\sum (a_i/\alpha_i)^2} \tag{3.16}$$

これより，**組立品の寸法公差** a_T は

$$a_T = \beta \sigma_T \tag{3.17}$$

$\alpha, \beta : 1$　公差等級精級
　　　　　2　公差等級中級
　　　　　3　公差等級粗級

で略推定できることになる．

例題 3.3　長さ 30 mm（精級），50 mm（中級），80 mm（中級）の棒状部材3つを直列的に組み立て，組立品の寸法公差を中級に収めたい．表 3.2 を参考にして，組立品の概略の寸法公差を求めよ．

解答　長さ 30 mm の部材の精級における寸法公差は ±0.1，50 mm の部材の中級における寸法公差は ±0.3，80mm の棒状部材の場合も同じく ±0.3．したがって，組立品の標準偏差 σ_T は

$$\sigma_T = \sqrt{(0.1/1)^2 + (0.3/2)^2 + (0.3/2)^2} \cong 0.23$$

組み立てた寸法は 160 mm（120 を超え 400 以下）であることと，上記の寸法公差を考慮すると中級（±0.5）に該当する．したがって，組立品の寸法公差は

$$a_T = 2 \times 0.23 = 0.46$$

と推察される．

3.4.3　寸法公差の確率論的扱い

(1)　X が a と b との間にある確率 $P(a < X < b)$

量の分布は多くの場合，正規分布（$N(\mu, \sigma^2)$ ただし，μ：平均，σ：標準偏

差) になることが知られている．

正規分布の確率密度関数 $f(X)$ は図 3.5 に示した形を持ち，

$$f(X) = \frac{1}{\sqrt{2\pi}} \exp\left(-\frac{(X-\mu)^2}{2\sigma^2}\right) \tag{3.18}$$

で表される．確率密度関数が $f(X)$ であるということは，X が a と b との間にある確率 $P(a < X < b)$ が次の式で表されることを意味する．

$$P(a < X < b) = \int_a^b f(X)dX$$

〈注意〉

同様なことであるが，X が x と $x+dx$ の間にある確率 $P(x < X < x+dx)$ は

$$P(x < X < x + dx) = \int_x^{x+dx} f(X)dX \tag{3.19}$$

でもある．

$f(X)$ には，次の性質がある．

$$\begin{aligned}
\int_{-\infty}^{\infty} f(X)dX &= 1 \\
\int_{-\infty}^{\infty} Xf(X)dX &= \mu \\
\int_{-\infty}^{\infty} (X-\mu)^2 f(X)dX &= \sigma^2
\end{aligned} \tag{3.20}$$

(2) $\sum a_i X_i$ の分布

確率変数 X_i $(i = 1, 2, 3, \cdots, n)$ が互いに独立で，a_i が定数であるとき，次のような確率変数を考える．

$$Y = a_1 X_1 + a_2 X_2 + \cdots + a_n X_n \tag{3.21}$$

X_i の分布が正規分布であれば，Y の分布も正規分布となり

$$N(\mu_y, \sigma_y{}^2) \tag{3.22}$$

ただし, $\mu_y = a_1\mu_1 + a_2\mu_2 + \cdots + a_n\mu_n,$
$\sigma_y{}^2 = a_1{}^2\sigma_1{}^2 + a_2{}^2\sigma_2{}^2 + \cdots + a_n{}^2\sigma_n{}^2$

(3) しめしろの分布

上記を,しめしろの分布に適用してみる.軸および穴の直径を表す確率変数をそれぞれ X_1, X_2 とすれば,しめしろ $Y = X_1 - X_2$ も確率変数となる.この Y の平均 $\mu(Y)$ および標準偏差 $\sigma(Y)$ は

$$\mu(Y) = \mu(X_1) - \mu(X_2)$$
$$\sigma(Y)^2 = \sigma(X_1)^2 + \sigma(X_2)^2$$

いま,図 3.8 に示すように,軸径 X_1 および穴径 X_2 の分布をそれぞれ,$N_1\ (0.03, 0.013^2)$,$N_2\ (0.029, 0.015^2)$ とすると,しめしろの分布は,

$$\begin{aligned}\mu &= 0.03 - 0.029 = 0.001 \\ \sigma &= \sqrt{0.0013^2 + 0.015^2} = 0.0198\end{aligned} \tag{3.23}$$

ここで,式 (3.23) に従って Y の分布を示すと,図中に示したようになる.Y の値が負となる場合は,すきまばめであることを示している.正である場合は,しまりばめ,すなわち,しめしろを有することとなる.その場合は,式 (3.13)

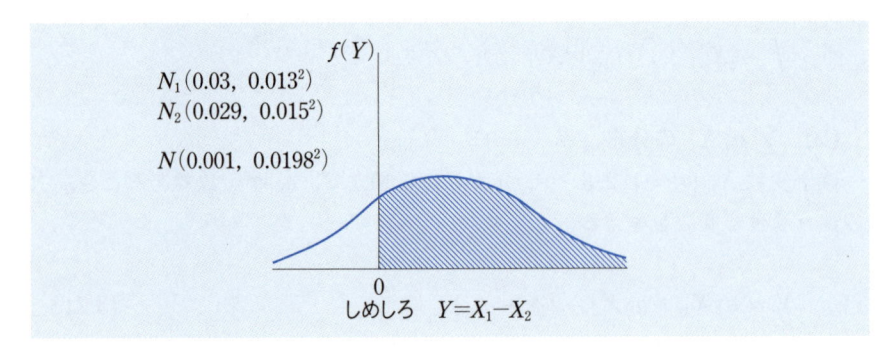

図 3.8 軸と穴とのはめあい

にて，$b = \infty, a = 0$，表 3.1 を利用して求めると，

$$P(Y > 0) = \int_0^\infty f(Y)dY = 0.480$$

したがって，しめしろのある場合の確率は，48%ということになる．

(4) バックラッシュの分布

一般に，Y が X_i の関数であるとき，Y は次のようにテーラー展開できる．2次以上の項を無視すると

$$\begin{aligned} Y &= f(X_1, X_2, \cdots, X_n) \\ &= f(a_1 + \Delta X_1, a_2 + \Delta X_2, \cdots, a_n + \Delta X_n) \\ &= f(a_1, \cdots, a_n) + \left(\frac{\partial f}{\partial X_1}\right)\Delta X_1 + \cdots + \left(\frac{\partial f}{\partial X_n}\right)\Delta X_n \end{aligned} \quad (3.24)$$

である．

これを利用して，歯車（粗級程度：したがって，寸法公差は $\pm 3\sigma$ に入る）のバックラッシュの分布 $N(\mu_i, \sigma_i)$ を求める．歯車のバックラッシュ c_0（求め方は問題 12 の解答参照）は，両歯車の歯厚の偏差 Δs_1，Δs_2，中心距離の偏差 Δa に起因するものとすると，上記にて，

$$a_1 = \Delta s_1, \quad a_2 = \Delta s_2, \quad a_3 = \Delta a$$

として整理できる．すなわち

$$\begin{aligned} c_0 &= f(\Delta s_1, \Delta s_2, \Delta a) \\ &= f(0, 0, 0) + \left(\frac{\partial f}{\partial \Delta s_1}\right)\Delta s_1 + \left(\frac{\partial f}{\partial \Delta s_2}\right)\Delta s_2 + \left(\frac{\partial f}{\partial \Delta a}\right)\Delta a \\ &= -\Delta s_1 - \Delta s_2 + 2\tan\alpha_0 \Delta a \end{aligned}$$

ただし，α_0：工具圧力角．

いま，$\Delta s_1, \Delta s_2, \Delta a$ の分布を

$$N(\mu_1, {\sigma_1}^2), \quad N(\mu_2, {\sigma_2}^2), \quad N(\mu_3, {\sigma_3}^2)$$

として，μ_i, σ_i を求める．

$\Delta s_1, \Delta s_2, \Delta a$ の分布が図 3.9 のようであるとすると，

$$\mu_1 = \mu_2 = \{(-0.10) + (-0.25)\}/2 = -0.175$$

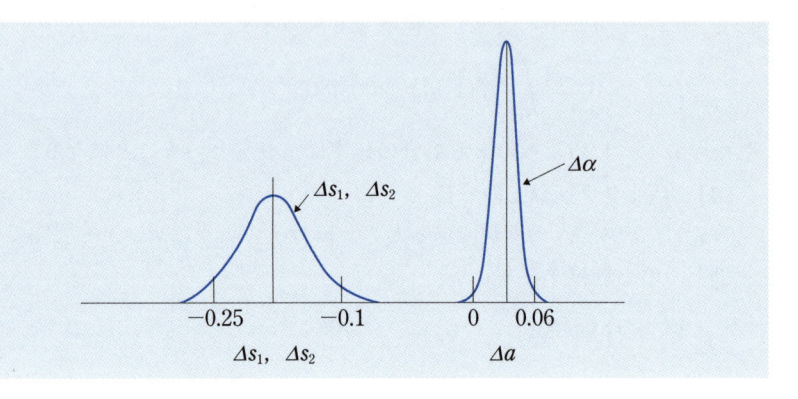

図 3.9　Δs_1, Δs_2 および $\Delta \alpha$ の分布

$$\mu_3 = \{0.06 + 0\}/2 = 0.03$$
$$\sigma_1 = \sigma_2 = \{(-0.10) - (-0.25)\}/6 = 0.025$$
$$\sigma_3 = \{0.06 - 0\}/6 = 0.01$$
$$\alpha_0 = 20°のとき,$$
$$c_0 = -\Delta s_1 - \Delta s_2 + 0.728\Delta a$$

したがって,式 (3.22) より

$$\mu_i = -\mu_1 - \mu_2 + 0.728\mu_3 = 0.341$$
$$\sigma_i = \sqrt{0.025^2 + 0.025^2 + 0.728^2 \times 0.010^2} = 0.0362$$

例題 3.4　確率分布の故障検出への適用について述べよ．

解答　電気製品のようにヒューズが切れる場合は，実際に装置が駆動しなくなるので故障の把握は容易である．しかし，回転数が変動しているとか，制御時の応答に乱れがあるというような場合は，故障しているかどうかの判断は難しい．というのも，ある時点での回転数 N_r もある確率分布をしているし，あらかじめ実験等を通じて求められた，故障と判断すべき回転数 N_f もある確率分布をしている．このように，両者が確率分布をしていることが，さらに判断を難しくしている．そこで，数学的な扱いにより，より定量的な把握が可能とな

3.4 公差の管理

(a) N_r, N_f の分布　　(b) $(N_r - N_f)$ の分布

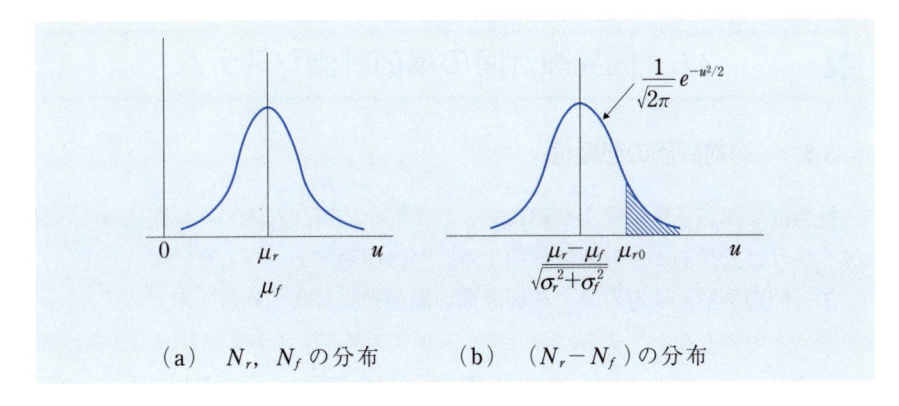

図 3.10 $(N_r - N_f)$ の分布

るようにする必要がある．

故障が起きるのは，$N_r > N_f$ となった場合である．

いま，N_r の分布が図 3.10(a) に示したような正規分布 $N_r(\mu_r, \sigma_r^2)$ を，また，N_f の分布も正規分布 $N_f(\mu_f, \sigma_f^2)$ をしているとする．故障と判断される場合における N_r の平均値 μ_r^* を求める．

回転数の差 $(N_r - N_f)$ の分布は，式 (3.22) より

$$N(\mu_r - \mu_f, \sigma_r^2 + \sigma_f^2)$$

である（標準化すると，図 3.10(b) のように $N\left[(\mu_r - \mu_f)/\sqrt{\sigma_r^2 + \sigma_f^2}, 1^2\right]$ となる）．

$\mu_f, \sigma_r, \sigma_f$ が与えられたものとして，故障していると判断される閾値 μ_{r0}（そのときの変数 N_r の平均値を μ_r^* とする）を与えたとき，故障と判断される確率が α となるのは，図からもわかるように，

$$\frac{\mu_r^* - \mu_f}{\sqrt{\sigma_r^2 + \sigma_f^2}} = \mu_{r0}, \quad \frac{1}{\sqrt{2\pi}} \int_{\mu_{r0}}^{\infty} e^{-u^2/2} du = \alpha$$

である．

閾値 μ_{r0} と α との関係は，**正規分布表**から容易に知れる．これによって，「回転数 μ_r^* の場合における故障の確率は α」という具合に把握できることとなる．

3.5 開発設計時の事前評価システム

3.5.1 事前評価の必要性

社会的な問題を解決するために，どのような技術，システムを開発あるいは導入すれば効果的か，直ちに把握することは困難である．これには
① 問題を解決するための各要因間の関係が複雑に入り組んでいること
② どのようなシステムにおいても，プラス面とマイナス面とが生じること．そして，これらは，往々にして異なる次元に立つため，差し引き勘定ができないこと
③ プラス，マイナスの判断は社会的，経済的に異なった階層に帰属するため，階層間の利害関係を考慮しなくてはならないこと

などの理由が挙げられる．

このような，複雑な問題に対処するためには，関係する要因をできるだけ多く抽出し，その相互関係を明確にすること，また提案されるどのシステムが，問題解決に有効であるかを判断するために，誰にどの程度のプラスあるいはマイナスが生じるかを定量的に把握することが必要である．以上のような立場から，問題に取り組む一つの手法にシステム分析がある．

3.5.2 システム分析

システム分析は，米国国防省で導入を決定して以来，政策部門の中心的な分析手法として取り上げられてきた．
① まず，政策目的に貢献する活動を施策（プログラム）という概念で捉える．
② この施策について，その目的と手段との関係に従って，高次なものから低次なものへと階層的に配置して分析する．これがシステム分析である．

①の施策体系（プログラム体系）は組織体の目的レベルに応じて配置される．それに対して，システム分析の評価項目体系は，利害関係集団，利用者，当事者，社会というように，システム導入に伴う影響を受けるレベルに応じて階層的に配置される．このような評価項目が完成すると，システム分析は図3.11に示したような過程に従って行う．

3.5 開発設計時の事前評価システム

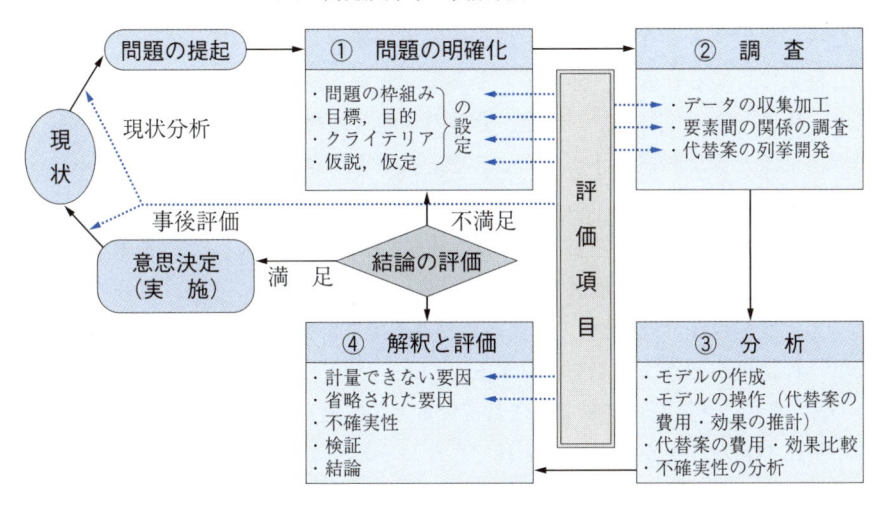

図 3.11 システム分析の過程

 システム分析は，以下の4つの過程から成り立っており，満足な結論が得られるまで，これらの過程を繰り返すことになる．
① 問題の明確化の過程：意思決定者の抱えている問題を広い視野から捉え，目的を明確化し，分析の枠組みを決める．
② 調査の過程：分析のためのデータを揃え，目的を達成するための種々の手段に関する代替案を模索する．
③ 分析の過程：これらの代替案の費用および効果を長期的，客観的視野に立って体系的に比較検討する．
④ 解釈と評価の課程：定量化できない要因や不確実性を考慮して総合的な結論へと導く．
 このうち，分析の過程では，代替案について，費用と効果（有効度）を定量的に比較して，最良な代替案を選択する．費用，効果の分析手法としては
① 効果を一定としておいて，費用最小の代替案を選択する．
② 費用を一定にしておいて，最大効果を有する代替案を選択する．
③ 効果と費用の比率が最大の代替案を選択する．
 効果としては，直接的効果，間接的効果も検討の対象である．費用については，実費以外に付帯費用，社会的費用なども見積もる．費用，効果が将来にわ

たって発生するような場合は，現在の費用に換算して比較する．

　将来に対する分析は，必ず必要である．しかし，各種の不確実性が付きまとう．特に，分析の前提や，仮定，分析の基礎としたデータの信頼度などは，分析結果に大きな影響を与える．そこで，次のような分析手法が補間的に用いられる．

① 感度分析：分析の前提とした，定数の値を変更して，分析結果がどのように変化するかを検討する．

② 状況変異分析：分析の前提とした外的環境が変化した場合を想定して，分析結果がどうなるかを検討する．

③ 追証分析：分析の結果，優れているとして選択された代替案について，特に不利な状況を与えて，それでもなおその案が優れているかどうかを検討する．

以下に，これらの具体的過程例を示した．(3) 以降がシステム分析に関わるものである．

(1)　施策（プログラム）で，新交通システムの導入が計画された．

(2)　それを受けた**問題の明確化の過程**で現在の交通システムの問題点が指摘され，新型交通システムの開発の必要性が唱えられた．

(3)　表 3.3 は，**調査の過程**で出てきた現交通システムに対する代替案（呼び出しバスシステム，個別輸送システムなど）に対して，評価項目を設け，プラス，マイナスの評価を行ったものである．評価項目に対しては，プラス評価の多かった個別軌道輸送システムが，代替案として比較的適切であると判断される．

　表 3.4 は，代替案として，個別輸送システムを取り上げた場合の**分析過程**の例である．代替案を取り上げた際に評価した項目と同じ項目を取り上げ，誰（利害関係者，当事者，利用者，社会など）に，どのような影響を与えるかマトリックス形態で示したものである．これより，利用者，運行者，社会が影響を受けることが判定される．

(4)　そこで，利用者，運行者，社会が受ける全価値，効用，有効度などに対して影響を及ぼすであろう個別の項目を列挙する．例えば，図 3.12 に示したように，旅行時間，安全性，収益性などを列挙し，その評価項目の相互間にどのような関係にあれば，合目的（全価値，効用，有効度などが向

3.5 開発設計時の事前評価システム

表 3.3 調査の過程

戦略＼衝撃	自家用車	タクシー	バス	地下鉄	呼び出しバスシステム	シティカーシステム	個別軌道輸送システム	中量軌道輸送システム
デマンドに応じた運行	＋	＋	－	－	＋	＋	＋	＋
プライバシー	＋	＋	－	－		＋	＋	
door to door サービス	＋	＋	－				＋	
快適性の上昇	＋							
緊急輸送の便	＋		－	－			＋	＋
定員の弾力性			＋	＋	＋		－	＋
大量輸送	－	－	＋	＋	＋	－		
公害の減少					－			
交通事故の減少	－					＋	＋	＋
都市の美観の保持							－	－
交通従事者の確保		－	－		＋		＋	＋
技術水準の向上					＋	＋	＋	＋
道路の混雑度の緩和	－	－					＋	＋

表 3.4 代替案の分析過程

	一般利用者	老人,子供,身体障害者	運輸業界	オーナードライバー	タクシー運転手	バス地下鉄運転手	付近の住民	通行人	商店主	地方自治体政府
デマンドに応じた運行	F									
プライバシーの確保	F									
door to door サービス	F	F							F	
快適性の上昇	F	F								
緊急輸送の便	F	F					F			F
公害の減少	F	F		F	F	F	F	F		F
交通事故の減少	F	F			F	F	F	F		F
都市の美観の保持							UF	UF	UF	
交通従事者の確保			F		F					F
技術水準の向上			F							F
道路の混雑度の緩和	F				F		F			F

F：強く影響が及ぶと判断した場合
UF：若干影響が及ぶと判断した場合

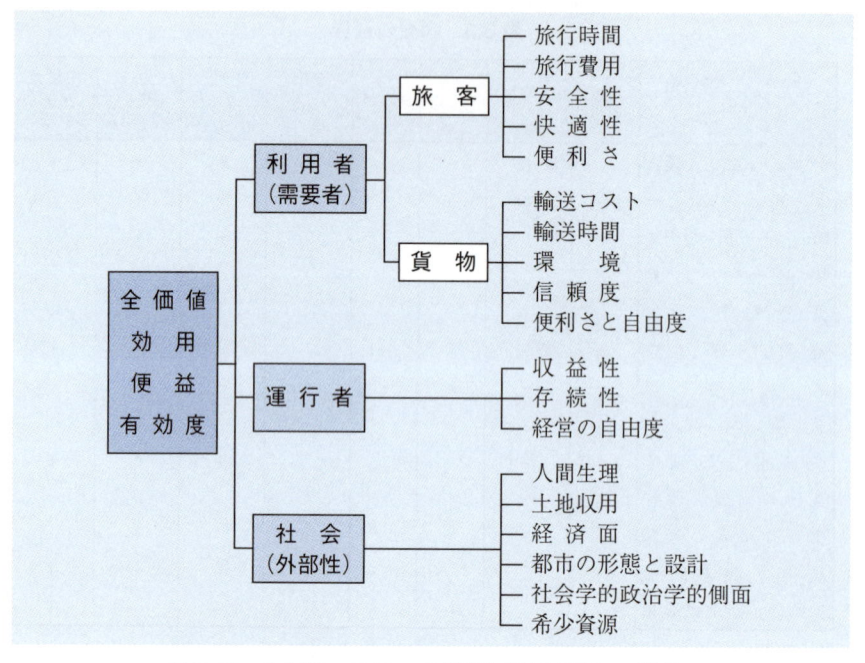

図 3.12 全価値，効用，有効度と評価項目との関係

```
                    ┌─ 旅行時間
                    ├─ 旅行費用
              ┌ 旅客 ┼─ 安 全 性
              │     ├─ 快 適 性
              │     └─ 便 利 さ
     ┌ 利用者 ┤
     │ (需要者)│     ┌─ 輸送コスト
     │        │     ├─ 輸送時間
     │        └ 貨物 ┼─ 環   境
全価値│              ├─ 信 頼 度
効 用│              └─ 便利さと自由度
便 益┤
有効度│              ┌─ 収 益 性
     ├ 運行者 ──────┼─ 存 続 性
     │              └─ 経営の自由度
     │
     │              ┌─ 人間生理
     │              ├─ 土地収用
     │  社 会       ├─ 経 済 面
     └ (外部性) ────┼─ 都市の形態と設計
                    ├─ 社会学的政治学的側面
                    └─ 希少資源
```

上する）になるかを検討する．
(5) 各評価項目同士を，X 軸，Y 軸にとって，その関係を概略ながらも定量的な曲線として描く（図 3.13）．すると，一般に，曲線の形態は以下のような4種類に分類される．

すなわち，X–Y 座標軸に対して，
① 右上がりの方向に向かって，凹形を描く場合
② 右上がりの方向に向かって，凸形を描く場合
③ 右下がりの方向に向かって，凸形を描く場合
④ 右下がりの方向に向かって，凹形を描く場合
これらの曲線の持つ特徴から，
● ①は，X，Y 軸にとった両評価項目がともに増大する方向へ向けば，合目的なシステムになる

- ②は，X，Y 軸にとった評価項目が，ともに減少する方向へ向かえば，合目的なシステムになる
- ③は，X 軸にとった評価項目が増大に向かい，Y 軸にとった評価項目が減少に向かえば，合目的なシステムになる
- ④は，X 軸にとった評価項目が減少に向かい，Y 軸にとった評価項目が増大に向かえば，合目的なシステムになる

ことを示している．

ちなみに，横軸に旅行時間をとり，縦軸に安全性をとった場合，④ のような曲線を描いたとすれば，旅行時間が減少に向かい，安全性が増大する方向に向かえば，合目的なシステムとなることを示している．

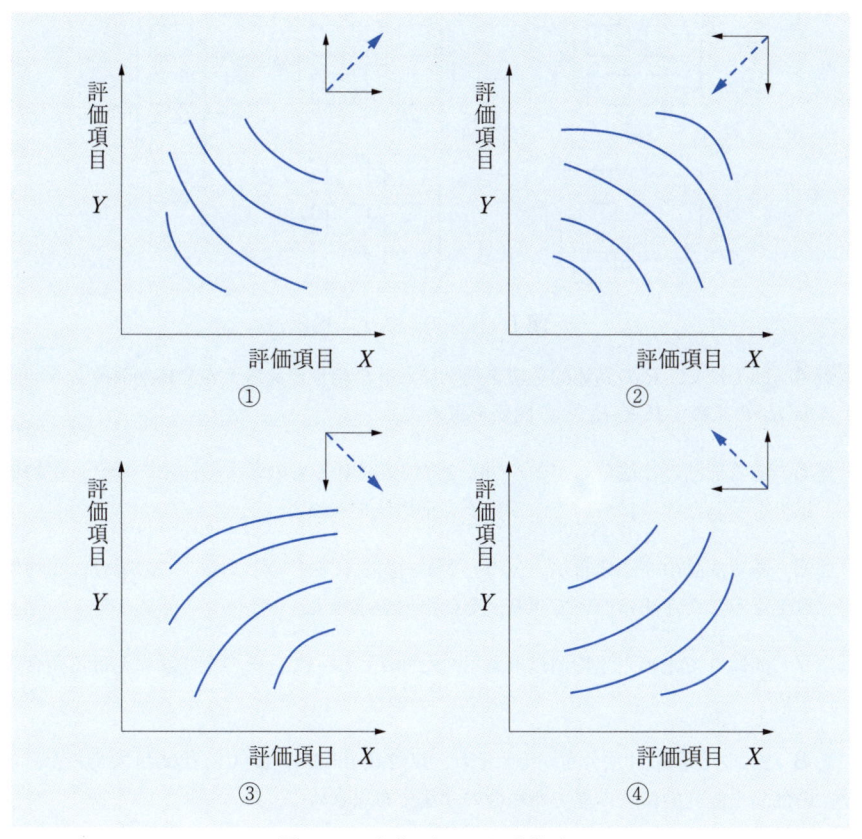

図 3.13 評価項目の関連付け

第3章の問題

■ 1 寸法が正規分布 $N(\mu, \sigma^2)$ に従う分布をしているものとする．$\mu \pm 3\sigma$ および $\mu \pm 2\sigma$ の間に収まるものの割合を求めよ．

■ 2 寸法が正規分布 $N(\mu, \sigma^2)$ に従うものとした場合，$\mu \pm K\sigma$ の間に収まっている寸法の割合が 95% であった．この場合の K の値を求めよ．

■ 3 図Ⅰは，種々のシステム構成を示したものである．各場合について，システム全体が故障する確率 P_t を求めよ．ただし，個々の部品の故障する確率を P とする．

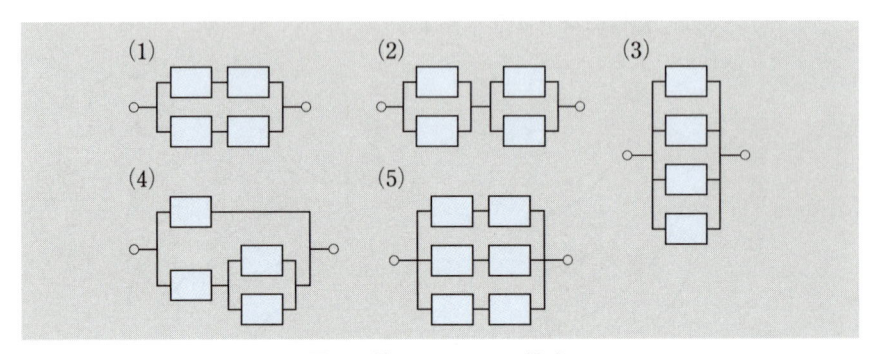

図Ⅰ 種々のシステム構成

■ 4 図Ⅰにて，P の具体的数値を種々にとった場合のシステム全体が故障しない確率 R_t を求め，P と R_t との関係を求めよ．

■ 5 ある部品の寸法分布が，$N(90, 2^2)$ で表されるものとする．この場合，平均値以上を示した寸法についてのみ，その平均値を求めよ．

■ 6 ある部品の寸法分布が，$N(90, 2^2)$ で表されるものとする．この場合，平均値以下を示した寸法についてのみ，その平均を求めよ．

■ 7 問題 5 で求めた平均値以上を示した寸法について，その全寸法における割合を求めよ．

■ 8 2つの部品の寸法分布がそれぞれ，$N(2.0, 0.06^2)$，$N(1.8, 0.05^2)$ であった．この部品を直列的に組み立てた場合の寸法分布を求めよ．

表 I

評価項目 ＼ 供給方法	パレット +デパレタイザ +無人搬送車 +自動倉庫	パレット +位置決め装置 +コンベア	キット方式 +コンベア	連続材料 供給装置 +人手運搬	ホッパー フィーダー +人手運搬	マガジン +人手運搬	直進 フィーダー +人手運搬
無人化が可能かどうか							
部品による制約があるかどうか							
部品形状辺変化への適応が可能かどうか							
設備費用が安価かどうか							
生産量が大量向けかどうか							
組付装置としてロボットが適用できるかどうか							
管理システムとのつなぎが可能かどうか							
小容積で済むかどうか							

■ **9** 部品供給法の開発にあたって，表 I のような代替案を提案，その案について，評価項目を設けた．プラス，マイナスの評価を施し，どのような供給方式を採用するのが得策か検討せよ．

■ **10** 部品供給，組立方式として，次のページの表 II に示したようなロボットによる方式，専用機による方式を提案した．その各々について，生産量の小，中，大を評価し，表中に記入せよ．同様に，工程または部品数についても，評価せよ（評価は，○，△，× で示せ）．

■ **11** 部品供給，組立方式として，ロボットによる方式と専用機による方式を組み合わせた方式を開発する．考えられる方式を多く提案し，それが，生産量の大，中，小のいずれに対応できるか評価せよ．また，工程数，部品数に対しても同様に評価せよ．

表II 種々のシステム構成

	ラインの構成	生産数			工程または部品数		
		小	中	大	小	中	大
ロボットによる組立	コンベア／ロボット／部品供給装置						
	部品供給装置／組付治具						
	（ロータリ＋コンベア構成）						
専用機による組立	専用機／治具搬送式コンベア／部品供給装置						
	専用機／専用組付装置／部品供給装置／完成品						
	ピック＆プレイス／部品供給／専用機						
	専用機／部品供給／ピック＆プレイス／部品供給						

■ 12 歯車のバックラッシュとはどこを意味するのか．図示して答えよ．

第4章
強度設計

- 4.1 安全な機械を設計するための基礎
- 4.2 許容応力および安全率の決定法
- 4.3 疲れ限度線図に基づく強度設計
- 4.4 切欠き係数
- 4.5 強度向上の方策

本章では…

　国際競争の中では，製品のわずかな欠陥でも，信用欠落をひき起こし，企業の存亡につながる．

　安全に対する取組みは，製造，販売をも含めた多方面からなされる必要があり，ISOも規格化を進めている．ちなみに，ISO9000シリーズの中にあっては，設計者にも，相応の責任と権限が与えられるようになった．

　現在では，短納期の要望に沿って，コンピュータ上でのモデル実験で済ませ，試作に至ることもなく，製品出荷する場合が多くなっている．出荷後クレームがつくと，大きな痛手となる．したがって，設計者には，より安全な機械の設計が要求されている．

　本章では，機械部品の強度設計法に関わる基礎的な事項について述べる．この強度設計手法は，ティモシェンコの提唱した方法に準拠し，日本機械学会が改めて，各種データを整理し，まとめた方法に準拠するものである．

4.1 安全な機械を設計するための基礎

4.1.1 安全率

機械装置は常に安全な状態にあり，しかも所期の機能を果たす必要がある．そのため，機械を設計，製造する頭初から安全対策を図っていく必要がある．

安全性は，一口に**安全率**という概念でくくられる．この値は，負荷条件等を考慮した上で，従来の経験等に照らし合わせて決定されることとなる．

ちなみに，

① 部材に生じる応力分布を主体として決定する場合：
　設計対象の使用環境下での降伏応力，あるいは引張り強さなど静的な強さに対する安全率．クリープ強さ，疲れ強さなどの動的な強さに対する安全率
② 破壊荷重を主体として決定する場合：
　座屈破壊などに対する安全率
③ 安全寿命を主体として決定する場合：
　亀裂の伝播条件あるいは亀裂の発生条件等から総合的に検討した寿命に対する安全率
④ 変形を主体として決定する場合：
　軸設計などに際して，ねじれや曲げ変形量に対する安全率．特に，圧縮荷重を受ける柱や円筒は，初期変形量が座屈強度に大きな影響を及ぼすので，変形量の許容値を規定しておく必要がある
⑤ 腐れしろ，腐食による強度低下に対する安全率

等が，該当する．

しかし，機械設計においては，応力を主体にして決定する場合がほとんどで，① による方法をまず修得しておく必要がある．

4.1.2 設計応力と許容応力

設計に関して使用される**設計応力**は

$$\sigma_d \leqq \sigma_{al} = \frac{\sigma_m}{n} \tag{4.1}$$

σ_d：設計応力

（材料力学，弾性論などの知識を利用して導かれた応力）

σ_{al}：許容応力

（使用材料が破壊や不都合な変形を起こさない最大の応力）

σ_m：基準応力

（基準強さ）

の関係により，制約される．

ここで，n は安全率と呼ばれるもので，設計応力の大きさを安全な値に抑える必要のため，負荷条件等に応じ，経験に照らし合わせて決められる値である．

ちなみに，表 4.1 に荷重条件と基準強さのとり方を示しておく．安全率の決定に際しては，種々の要件を考慮する必要がある．要件を考慮した値の決定法については，4.2 節で述べる．

4.1.3 安全率の歴史的変遷

前項で述べたように，現在，安全率は，基準強さに応力を使用しているが，ここに至るまでには，紆余曲折があった．参考までに歴史的な変遷を述べておく．

安全率は，1882 年，有名な **W. Cawthone Unwin**（英）が著書 "The Element of Machine Design Part I" にて荷重を基準にして

$$\text{factor of safety} = \frac{\text{statical breaking strength}}{\text{working load}}$$

として提案したのが最初といわれている．この式に従って，練鉄，木材，煉瓦について静荷重，繰返し荷重および衝撃荷重が加わった場合の安全率を導出し，一覧表として示している．多くの書籍に紹介されているのでご存知のことと思う．注意すべきことは，この安全率は，あくまでも荷重を基準にしたものであり，応力を基準にしたものでない点である．

表 4.1　荷重条件と基準強さのとり方

荷重条件		破損の種類	基準強さ	比較すべき設計応力
静荷重・常温	延性材料	降伏	降伏点（部分的降伏でも問題となる場合には応力集中を考える）	公称応力
	延性材料	破断	破断強さ（応力集中は考えないでよい）	公称応力
	ぜい性材料	破断	破断強さ/破断係数（応力集中の影響を破断係数として考慮）	公称応力
静荷重・高温		限界クリープひずみ	限界クリープひずみを生ずる応力	
		クリープ破断	クリープ破断強さ	
繰返し荷重（平均荷重および荷重振幅が一定）		疲れ破壊	疲れ限度または時間強度（切欠き，寸法，表面状況，温度などの効果を考慮した値とする）	公称の平均応力および応力振幅
			最大および最小応力の繰返し数が多い場合（10^6程度），疲れ限度をとる	最大応力および最大応力に対する公称の平均応力および応力振幅
変動荷重（平均荷重および荷重振幅の両方または片方が規則的あるいは不規則的に変化する）			疲れ被害を考慮した時間強度	公称の平均応力および最大応力振幅
弾性的不安定状態を生ずる恐れのある場合		座屈	座屈応力	最大正縮，曲げまたはせん断荷重に対する公称応力
剛性に対する要求がある場合		—	応力とは別に剛性を検討する	

4.1 安全な機械を設計するための基礎

その後，機械要素設計の体系を築いたといわれる **F. Reuleaux**（独）が1898年に "Der Konstrukteur/Ein Handobuch Maschinen-entwerfen" の中で，降伏荷重と負荷荷重，破壊荷重と負荷荷重との比による安全率を提唱した．これと同時期に **C. Bach**（独）が "Die Maschinen Elemente" 上で，安全率という言葉を用いず，初めて**許容応力**（**zulassigeanstrengung**）という概念を打ち出している．

これらの，概念を基に，1930年，**Timoshenko** が著書 "Strength of Materials" の中で，

$$\sigma_W = \frac{\sigma_{yp}}{n}$$

$$\sigma_W = \frac{\sigma_v}{n_1}$$

σ_w ：使用応力（working stress）
σ_{yp} ：降伏点（yield point）
σ_v ：極限強さ（ultimate strength）
n, n_1 ：安全率

を提唱．「安全率を材料の適当な基準強さと使用応力の比」で表し得るとした．基準強さは，疲れ強さ，降伏点，クリープ強さ等種々にとることができる．これにより，以後の設計の大幅な進歩へとつながった．提案された式は，前節の式 (4.1) とも全く同じ表現形式をとっている．

その後，安全率は，種々の影響変数の相乗積によって表せば，より厳密なものとなるという提案が，**Cardullo** や **S.C.Wattleworth** らによってなされた．この潮流は，**日本機械学会**の提唱している許容応力のとり方（昭和30年）の中に反映され，現在も生き続けている．

4.2 許容応力および安全率の決定法

4.2.1 許容応力

日本機械学会では,**疲れ破壊**に関する膨大なデータを整理し,許容応力を次式のようにとることを提唱している.

$$\sigma_a = \frac{1}{f_m f_s} \frac{\xi_1 \xi_2}{\beta} \sigma_w \tag{4.2}$$

ここに,

σ_a：許容応力.

σ_w：材料の疲れ限度（表面を研磨し,鏡面に磨いた標準試験片の疲れ試験から得られる値を標準にとる）.疲れ限度の正確な値がない場合には,同種材料の同種類の条件における既知の資料から推定する.

β：**切欠き係数**（切欠き効果を表す係数）.実験により確めることにしたことはないが,かなり多数の種類の切欠きについて,その形状,大きさ,材料,応力の種類に対し既出の資料や実験式がある.β の値は比較的 1 に近い範囲では**形状係数** α の値に近い.

ξ_1：**寸法効果**による疲れ限度の低下率.

ξ_2：**表面状況**,**腐食作用**などによる疲れ限度の低下率.

f_m：材料の疲れ限度に対する安全率.材料の欠陥,化学成分,熱処理,加工などの不均一性,試料と実物との相違,標準試験片のばらつき,および切欠き効果,**寸法効果**,表面状況など材料の疲れ限度に影響を与える諸因子に対する推定値の不確実さを補うための安全率.

f_s：使用応力に対する安全率.部材にかかる荷重のばらつき,その見積もりの不確実性,製品寸法の不同や精度,応力計算の近似性などのために設計計算において求められる使用応力の不確実性を補うための安全率.

式 (4.1) に対応させた場合,$\dfrac{\xi_1 \xi_2}{\beta} \sigma_w$ が切欠き材の基準強さに,$f_m f_s$ が安全率に相当する.

4.2.2 材料の疲れ限度

疲れ破壊を生じる応力 S（応力振幅あるいは最大応力ともいう）と，繰返し数 N の間には相関があり，応力の減少に伴い繰返し数は増大する．両者の関係は，両対数あるいは片対数（縦軸：応力振幅，横軸：繰返し数（対数））で図示される．これは，**S–N 曲線** と呼ばれるもので，図 4.1 (a) に一例を示した．

S–N 曲線は，右下がりであるが，鉄鋼などでは，繰返し数が $10^6 \sim 10^7$ 回において，曲線の傾きが急に緩くなり，横軸に水平となる傾向を示す．これ以下の応力は，無限回の繰返し数にも，とりあえず耐えると見なされる．そのため，一般に**疲れ限度**と呼ばれる（繰返し数が $10^6 \sim 10^7$ 回以下で破壊する場合の応力振幅は，**時間疲れ強さ**といわれる）．疲れ限度は**平均応力**の影響を強く受けるため，改めて図 4.1 (b) のように**応力振幅**を縦軸に，平均応力を横軸にとって，疲れ限度が表示される．これを**疲れ限度線図**と呼ぶ．

上記のようにして求めた疲れ限度線図は，設計作業において欠かせないものである．

さて，疲れ限度線図は，実際的には，図 4.1 (b) のようになるが，設計ではより利用しやすい形で扱う．多くの疲れ限度線図をまとめ検討した結果によれば，大まかに，疲れ限度線図は**両振りの疲れ限度**σ_w と，**引張り強さ**σ_B，**降伏点**σ_Y，**真破断応力**σ_T といった材料の強度と関連付けて表現できる．図 4.2 に種々の提唱されている線図を示した．

Gerber 線図 は両振りの疲れ限度 σ_w と，引張り強さ σ_B とを曲線で結んだ上に疲れ限度が載るというもの．実際の疲れ限度線図に近いといわれる．

Soderberg 線図 は両振りの疲れ限度 σ_w と降伏点 σ_Y とを直線的に結んだ線上に，ほぼ，疲れ限度が載ると見なしたもの．

Goodman 線図 は両振り疲れ限度 σ_w と引張り強さ σ_B とを結んだ直線上に，ほぼ疲れ限度が載るとするもの．

σ_w–σ_T 線図（修正 **Goodman 線図**）は両振り疲れ限度 σ_w と真破断応力 σ_T とを結んだ線上に疲れ限度が載るものとするもの．

設計時に，常に安全側を指向するならば，Soderberg 線図の利用を図ればよいが，日本機械学会では，後述するように σ_w–σ_T 線図（修正 Goodman 線図）を利用しての設計法を提案している．

(a) S-N 曲線

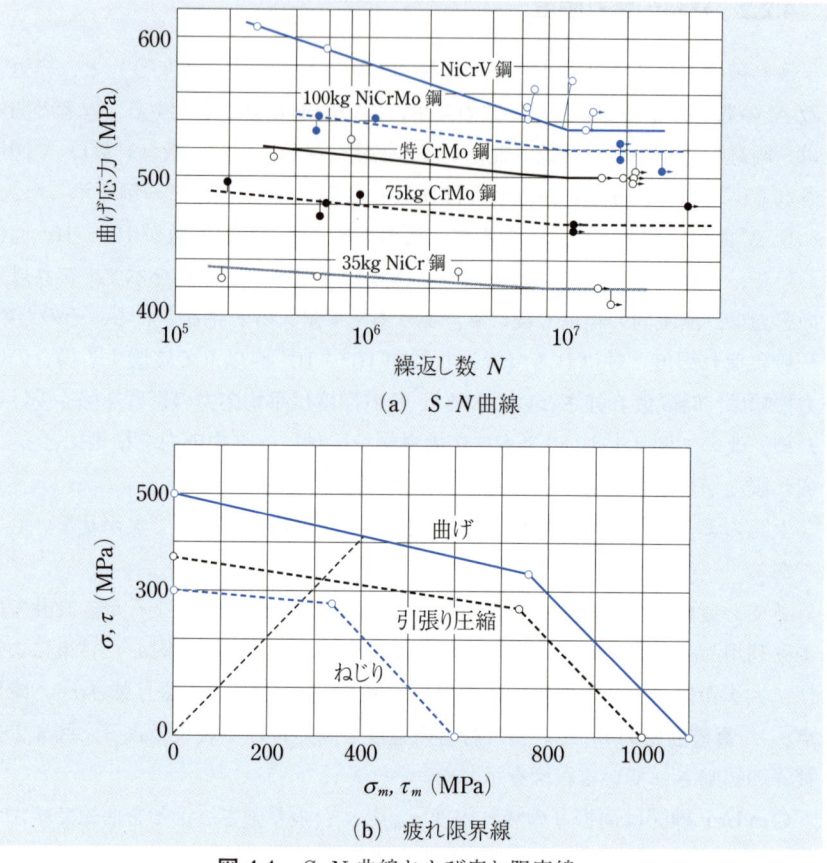

(b) 疲れ限界線

図 4.1 S–N 曲線および疲れ限度線

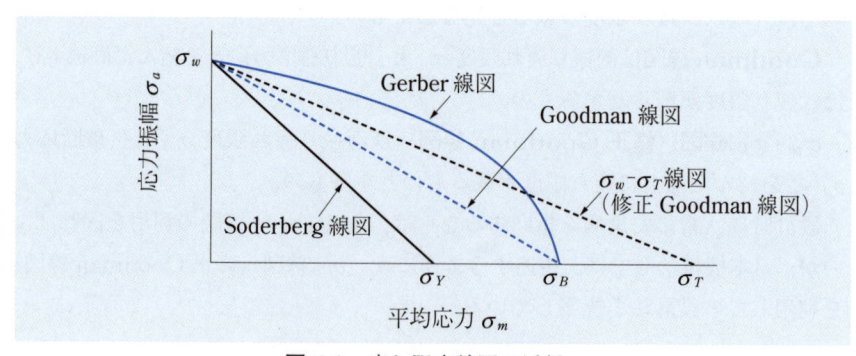

図 4.2 疲れ限度線図の近似

4.3 疲れ限度線図に基づく強度設計

4.3.1 10^7 回以上の繰返しに耐える場合

実物により疲れ試験を行い，設計に還元するのが理想的である．しかし，それは難しいので，以下のような方法で設計対象と同様な切欠きのある試験片の疲れ限度を推定し，その値を用いて許容応力を求める．

図 4.3 に手順をまとめてあるので，参照して頂きたい．

(1) まず，標準試験片についての疲れ限度線図を求める．

ちなみに，図 4.3 の線 KL が前節で述べた標準試験片に基づいて求めた疲れ限度線（σ_w–σ_T 線図）とする．

(2) KL 線図を基にして切欠き材の疲れ限度線図を求める．

まず，対象とする切欠き材についての β の値を既出の表や図から探し求める．探しきれなかった場合は，前節 (4.2.1) でも述べたように α は β より常に大きいので α で代用する．その場合，設計ではより安全側の疲れ限度が求まることになる．

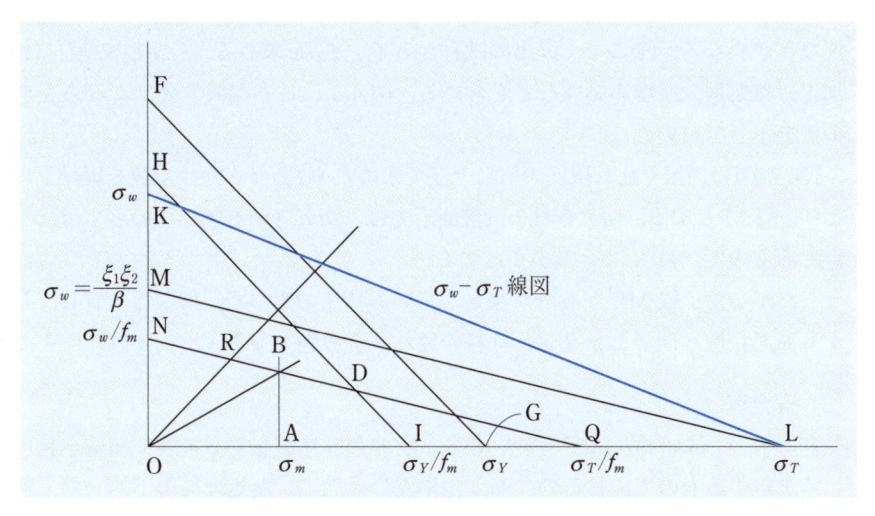

図 4.3 疲れ限度線図による強度設計

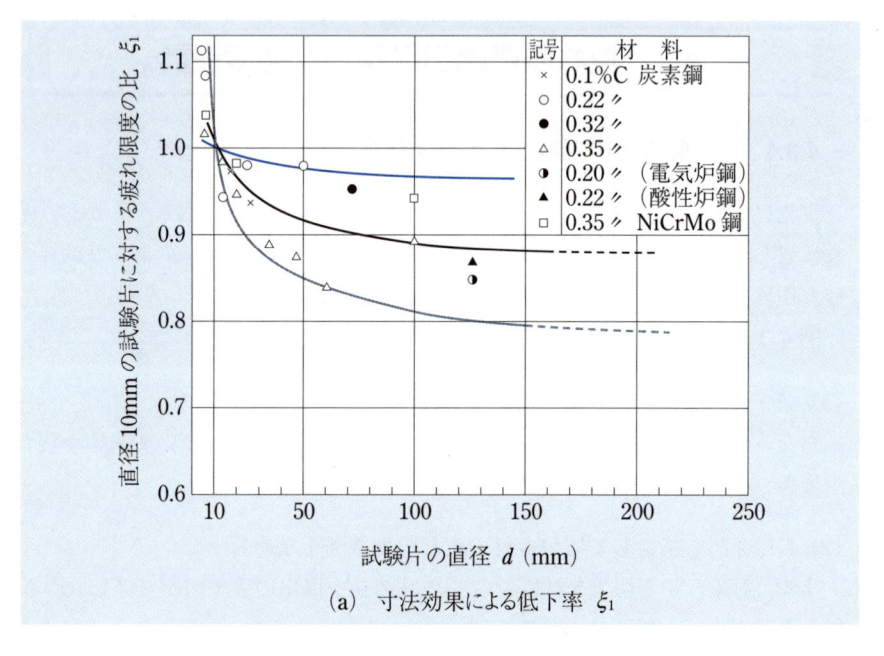

記号	材料	
○	0.1%C	炭素鋼
×	0.22 〃	
○	0.22 〃	
●	0.32 〃	
△	0.35 〃	
◐	0.20 〃	（電気炉鋼）
▲	0.22 〃	（酸性炉鋼）
□	0.35 〃	NiCrMo 鋼

(a) 寸法効果による低下率 ξ_1

図 4.4 寸法効果，腐食作用による疲れ限度の低下

次に，設計対象物と標準試験片（線 KL の基となった）とでは寸法，表面状況などが異なる．そこで，既出の試料から ξ_1, ξ_2 を求める．ξ_1, ξ_2 の値には，加工，熱処理，温度の影響なども含める．図 4.4 に日本機械学会による ξ_1, ξ_2 の例を示しておいた．

KL 線図の両振り疲れ限度の値に上記で求めた $\xi_1 \xi_2 / \beta$ をかけた値を縦軸上にとり，点 M とする．切欠き材の真破断応力は，切欠きの有無に関わらずほぼ一定であるので，点 L はそのままとする．

したがって，線 ML が設計対象としている寸法のもので，切欠きを有し，しかも表面状況も同一と見なせる材料の疲れ限度線図となる．

(3) **安全率 f を求める**．

$f = f_m f_s$ はいわゆる安全率である．設計者自身が有する経験や知識を利用して決定するもので，材料の欠陥，化学成分，加工，熱処理等の不均一性，部材にかかる荷重の均一性，でき上がった製品の精度，設計時の応力見積もりの

4.3 疲れ限度線図に基づく強度設計

図中凡例(上図):
- ○ 淡水腐食疲れ
- ▲ 食塩水腐食疲れ（ただし炭素鋼と耐食鋼以外の合金鋼のみ）
- n 切欠き
- ---- 回転曲げ淡水腐食疲れ強さ分散帯
- ―― 回転曲げ食塩水腐食疲れ強さ分散帯

縦軸: ξ_2（両振りねじり腐食疲れ限度／両振りねじり疲れ限度）
横軸: 両振りねじり疲れ限度 τ_w (MPa)

図中凡例(下図):
- ● 回転曲げ　食塩水
- ○ 〃　　　淡水
- ◉ 〃　　　河水 (Dnieper)
- ▲ 両振りねじり　食塩水

縦軸: ξ_2（両振りねじり腐食疲れ限度／両振りねじり疲れ限度）
横軸: 試験片直径 d (mm)

σ_{wbc}, τ_{wc}：回転曲げ，両振りねじり腐食疲れ強さ
σ_{wb}, τ_w：回転曲げ，両振りねじり疲れ強さ

(b) 腐食による疲れ限度の低下率

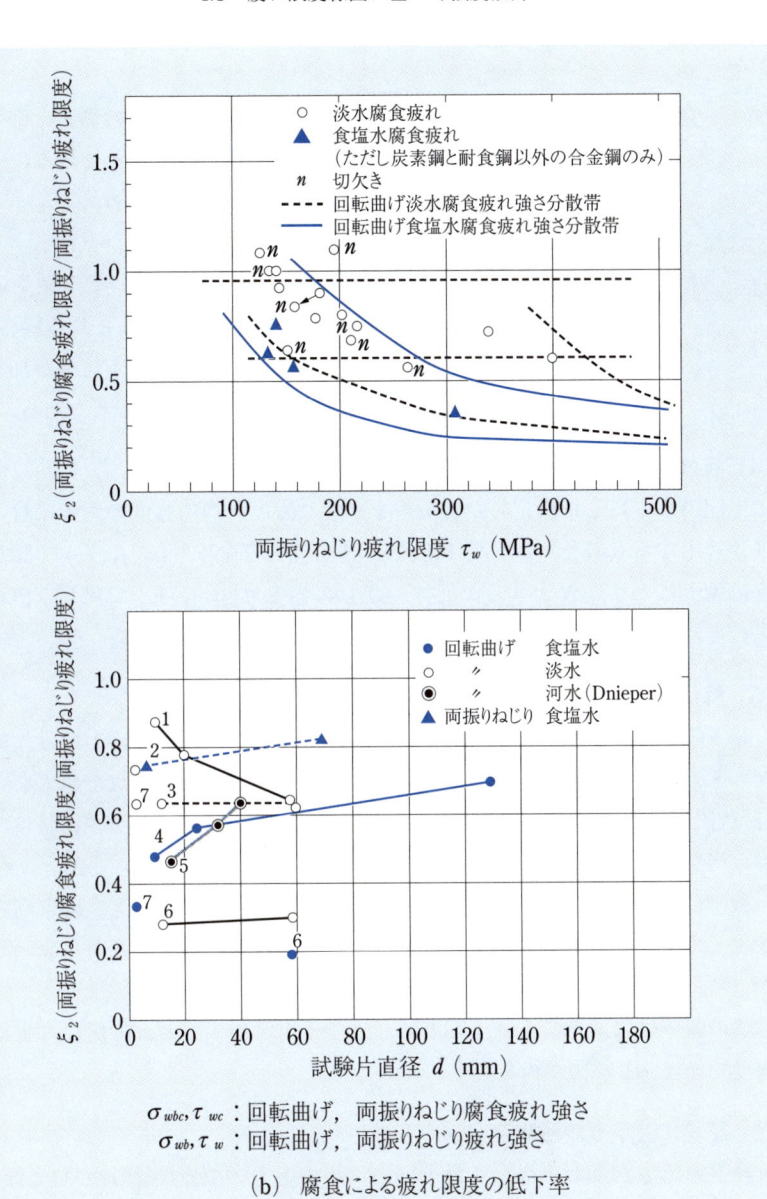

図 4.4　寸法効果，腐食作用による疲れ限度の低下

不確かさなどを補う係数である．

ここで，

f_m：材料の疲れ限度，切欠き係数，寸法効果，その他の影響を確実な資料から採用できる場合は，$f_m = 1.1 \sim 1.2$ 程度にとり得る．確実な資料がなく，類似資料から値を推察するような場合は，$f_m = 1.5$ 以上にとる必要がある．

f_s：荷重および応力の推定が確実である場合や，製品での発生応力が計算した使用応力値を絶対に超えないことが保証される場合には，$f_s = 1.1$ 程度にとり得る．予測困難な過荷重や衝撃荷重が加わる恐れのある場合は，$f_s = 1.5 \sim 2.0$ 程度の値をとる必要がある．

(4) **疲れ限度の許容線図**を求める．

上記のようにして決定した安全率を，疲れ限度，静的強度の両者に対して共通に適用するものとする．図 4.3 にて M の値を安全率 $f(= f_m f_s)$ で除した値を縦軸上にとり点 N とする．同様，点 L の値を $f(= f_m f_s)$ で除した値を横軸上にとり点 Q とする．線 NQ が疲れに対する許容線図となる．

(5) **降伏に対する許容限度**を求める．

線 FG は標準試験片に繰返し応力が作用した場合，繰返し応力の最大値，すなわち，応力振幅と平均応力を加算した応力が，材料の降伏点を超えない限界（降伏限界）である．この線 FG は，設計対象とする寸法をもつ平滑材についても，当然，同じ線図となる．

設計対象とする切欠き材については，他の箇所に比べ，切欠き底に高い応力が生じるとはいえ，その部分の降伏応力は，平滑材の場合と変わらない．したがって，切欠き材の降伏限度も，線 FG と一致する．

この線 FG に対しても，上記と同じ安全率を適用すると，降伏に対する許容限度である HI 線図が得られる．

(6) **圧縮に対する許容限度**を求める．

繰返し応力が加わる場合，最小応力（平均応力 − 応力振幅）が負となると，材料には圧縮が加わることになる．図中に示した OR がその限界である．

棒状部材のような場合には，この限界線の左側に入るような応力を受けると，

座屈を起こす恐れもある．座屈を避けるような場合は，OR の右側の領域に入るように応力値を決定する必要がある．

(7) 設計応力を決定する．

以上より，図に示した ORDI 線上が，安全率 $f(=f_m f_s)$ とした場合の許容応力である．ORDI の内部は，より安全（安全率が f より，さらに大きい）な領域となり，設計応力として選べる範囲である．

いま，設計対象とする部材に平均応力 σ_m が加わるとした場合の許容応力を検討してみる．横軸上に σ_m なる値の点 A をとる．（この場合，点 A は点 I の値より小さいため，静的には設定された安全率 f より，より安全側となる）．次に，点 A を通る垂直線と線 NQ あるいは線 HI との交点 B を求める．AB が許容応力である．設計応力は，式 (4.1) に照らし合わせると，AB より小さい値となる．

4.3.2 時間疲れ強さに基づく設計応力

前項では，材料が 10^7 回の繰返し応力に耐える場合についての設計応力について述べた．これに対し，最近では，一定の使用期間後，装置を一斉に更改した方が時代の趨勢に合わせやすいとする考えもある．この考えに従うと，疲れ限度に立脚するのではなく，S–N 曲線の傾斜部，すなわち時間疲れ強さを用いて許容応力を求めることになる．

例えば，10^5 回の繰返しに耐えるように設計応力を決定するには，使用材料についての S–N 曲線より，10^5 回における疲れ限度 σ_w を求める．この σ_w を前節 (4.2.2) での両振り疲れ限度に交替して，後は，同様な手法で，許容応力を求めればよい．ただし，S–N 曲線については，既出の資料より探し求める必要がある．

時間疲れ強さを簡易的に知るには，炭素鋼，合金鋼について従来のデータをまとめた図 4.1 (a) 等を利用してもよい．

4.4 切欠き係数

4.4.1 切欠き係数 β

実際の部材が標準試験片と異なる点は，**切欠き**（断面が変化する部分）を有していることである．ちなみに，切欠きのある棒を引張りした場合には，切欠き付近の応力分布は一様とはならず，変化に富むものとなる．切欠き底には，切欠きのない場合に比較してはるかに大きい応力が発生する（**応力集中**）．

前述した部材の疲れ破壊は，ある点に小さな亀裂が発生し，それが応力の繰返しによって拡大して起こる．この微小亀裂が発生する箇所は，応力が集中している部分である．したがって，部材の疲れ強度は，その形状と合わせ考えて意味がある．形状を無視して疲れ強さを云々できない．

いま，切欠きを持つ部材（切欠き材）の疲れ限度 σ_w と切欠き材と全く同じ材料で作り，表面を標準仕上げした平滑材（切欠きのない材料）の疲れ限度 σ_{w0} との比

$$\beta = \frac{\sigma_{w0}}{\sigma_w} \tag{4.3}$$

σ_{w0}：切欠きがない場合の疲れ限度

σ_w：切欠き材の疲れ限度
（ただし，切欠きの存在を無視して計算した場合の応力（公称応力）で表示した疲れ限度）

を**切欠き係数**と呼ぶ．

切欠き材に繰返し応力が加われば，公称応力は小さくても，切欠き底付近の応力は公称応力より高い．そのため，切欠き材の疲れ強さは，平滑材の疲れ限度よりかなり低くなる．

4.4.2 切欠き係数の実測値

切欠き係数の実測値はそれほど多くない．図 4.5 は，丸型切り込みを有する丸棒の回転曲げ，丸棒に直角に小孔を穿った場合の引張り圧縮についての β の値を示したものである（疲れ強さの設計資料：日本機械学会）．なお，図 4.5 で

4.4 切欠き係数

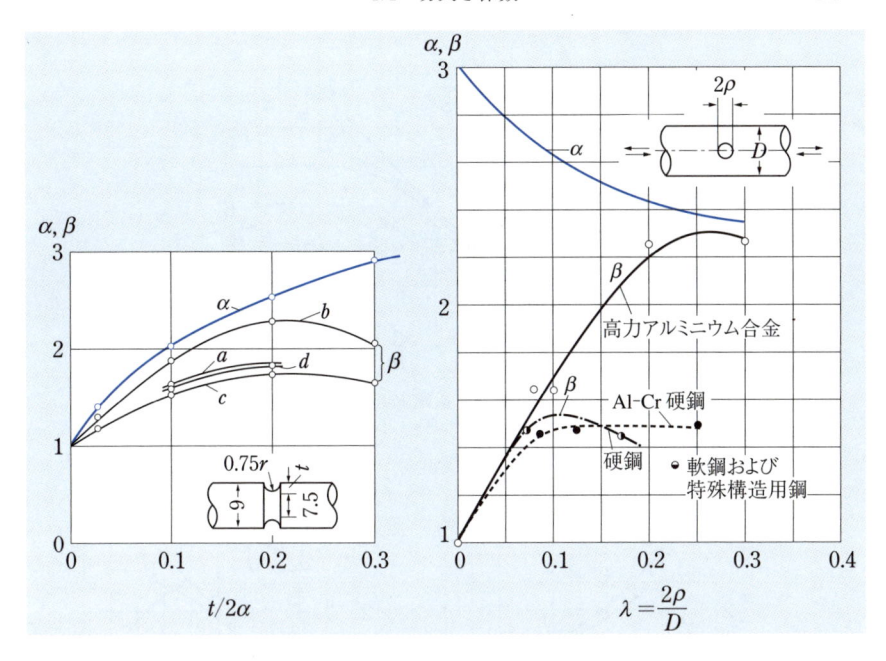

図 4.5 切欠き係数 β の実測値

t, ρ, D はそれぞれ溝の深さ，小孔の半径，丸棒の直径である．

また，図 4.6 は，α（形状係数）と β の関係を表す一例（疲れ強さの設計資料：日本機械学会）を示したものである．これより

① β は α より常に小さい

② しかし，α が小さい切欠き（切欠き半径が大きいか，深さが浅い切欠き）では，α と β とはほぼ等しい

③ α が比較的大きい切欠き（切欠き半径が小さいか，切り込み深さが深い）では，β は α に比較してかなり小さくなる

ことがわかる．このことは，他の切欠き材についても同様である．設計の際に念頭に入れておく必要がある．

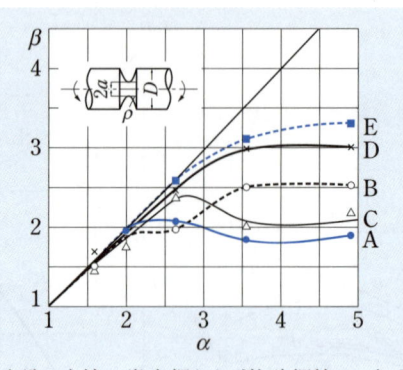

双曲線切り込みを持つ炭素鋼および特殊鋼棒の α と β との関係

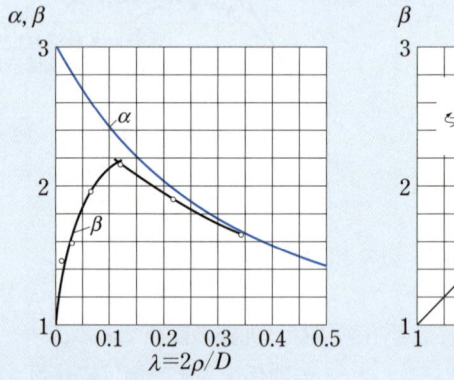

軸に直角に小孔をあけた炭素鋼管の α と β

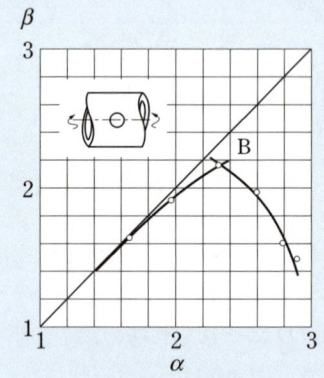

図における α と β との関係

注1) α は β より常に大きい（$\alpha \geqq \beta$）
注2) しかし α が小さい切欠き，すなわち一般には切欠き半径が大きいか，あるいは深さが浅い切欠きの β は α にほぼ等しい

図 4.6　α と β の関係

4.4.3　切欠き係数の推測値

(1) 切欠き底の応力分布より近似的に求める方法

切欠き係数の実測値は少ないので，α および切欠き底の応力分布より近似的に求める方法が提案されている．

切欠き底付近の応力分布は一様でないため，疲れ限度に及ぼす応力分布の影

響は，材質によって異なるから，β は α，切欠き底の応力勾配，および材質など種々の因子の影響を受ける．

$$\beta = \alpha\left(1 - \frac{a\varepsilon}{\rho}\right)$$

$$a = -\frac{\partial\sigma/\partial z}{\sigma}$$

ε：切欠き底から最大応力勾配の方向に計った距離

ρ：切欠き底の曲率半径

上記の考えは，ε の点での応力値が疲れ限度に達すると亀裂が発生し，破壊につながるとするものである．鋳鉄のような場合は，ε は黒鉛粒子 $0.1\sim0.2\,\mathrm{mm}$ の2倍程度の値をとる．

また，Moore によれば，ε なる範囲で応力が一様に分布するとした Neuber の考え方に準拠して，

$$\beta = 1 + \frac{\alpha - 1}{1 + \sqrt{\varepsilon/\rho}}$$

$$\varepsilon = 5.1\left(1 - \frac{\sigma_S}{\sigma_B}\right)^3\left(1 - \frac{0.635}{d}\right)$$

σ_S：降伏点

σ_B：引張り強さ

d　：切欠き底断面の直径

ρ　：切欠き底の曲率半径

で求められるとしている．この式に従えば，$d = 50\,\mathrm{mm}$ までの切り込みを有する丸棒の β は数％の誤差の範囲内で求められるようである．

(2) 形状係数 α より推察する方法

前項 4.4.2 で述べたように切欠き係数は，形状係数 α に比べ常に小さい．そこで，切欠き係数 β を形状係数 α と同値であると見なして疲れ限度を計算してみると，得られた値は，本来の切欠き係数から導出した値よりも常に小さい．したがって，設計にあたっては，常に安全側となる．

それゆえ，切欠き係数が判明しない場合は，形状係数で代用しても構わない．

形状係数は，既に丸棒，板材等に関して多くの値が得られているので，それを参照すればよい．新たな形状のものについては，弾性論，有限要素法等を利用して理論的に求められる．

参考 代表的な量を表す記号や単位について，以下の表にまとめる．

量	記号	単位
密度	ρ	kg/m^3
力	F	N （$kg \cdot m/s^2$）
荷重	F, P	N （$kg \cdot m/s^2$）
圧力	p	Pa
トルク	T	$N \cdot m$
力のモーメント	M	$N \cdot m$
応力	$\sigma_x, \sigma_y, \tau_{xy}$	Pa （N/m^2）
縦弾性係数	E	Pa （N/m^2）
横弾性係数	G	Pa （N/m^2）
エネルギー	E, J	J （$N \cdot m$，$kg \cdot m^2/s^2$）
仕事	E, J	J （$N \cdot m$，$kg \cdot m^2/s^2$）
熱量	E, J	J （$N \cdot m$，$kg \cdot m^2/s^2$）
パワー	P	W （$N \cdot m/s$，$kg \cdot m^2/s^3$）
慣性モーメント	J_x, J	$kg \cdot m^2$
断面2次モーメント	I_y, I_z, I_x	m^4
粘度	μ	$Pa \cdot s$
動粘度	$\nu \ (=\mu/\rho)$	m^2/s

4.5 強度向上の方策

部材の疲れ破壊の原因である微小亀裂の発生する箇所は，応力が集中している箇所である．この応力集中箇所の形状を変化させて，応力集中の程度を緩和すれば，疲れ強度は向上する．

4.5.1 応力集中箇所の端的な把握法

物体内の応力状態を端的に把握する場合，図4.7に示したように，主応力線を流体の流線に置き換えて考えると都合がよい．もちろん，流体力学の流線と弾性学の主応力線とは厳密には相似ではないが，定性的に類似の傾向をもっている．特に，流体の流線が迂回を余儀なくされるような箇所では，圧力上昇が起こり，損壊の可能性が生じる．同様に，主応力線の場合も，構造物の形状の一様性が失われる箇所（彎曲やノッチ（切欠き）のある箇所）では，その周囲を迂回することを余儀なくされ，その箇所で，応力線の密集が生じ，損傷に至る．

言い換えれば，「一様幅の板の途中に，切欠きが形成されるような場合，主応力線の一部は，周辺条件によって，元の位置を保つことが不可能となり，切欠き空間の周囲を迂回することが余儀なくされる．その結果，主応力線の密集，すなわち応力の集中をきたすことになる．これが，応力集中である」．

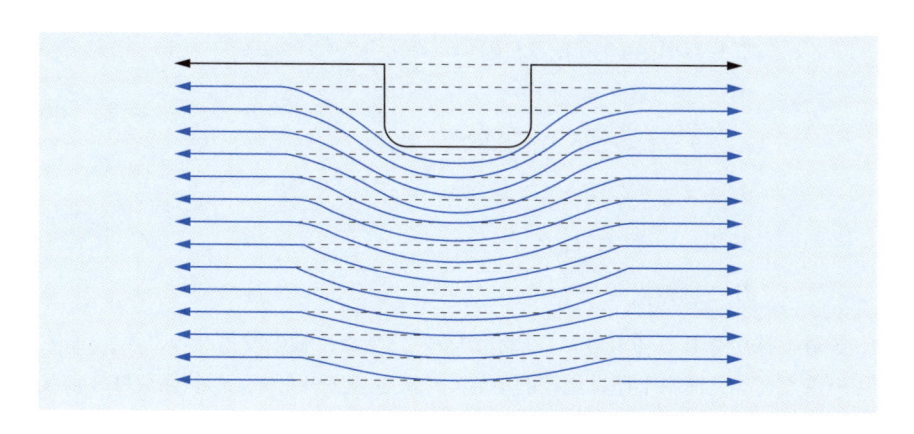

図4.7 流体の流れに見立てて想定した応力の流れ

4.5.2 形状係数 α

切欠き部での応力集中の度合いは，その箇所での最大応力 σ_0 によって評価される．この度合いは，形状係数（あるいは**応力集中係数**）と呼ばれ，以下の式で表される．

$$\alpha = \frac{\sigma_0}{\sigma_m} \tag{4.4}$$

σ_m：基準応力

σ_0：最大応力

ここで，基準応力のとり方は，円孔，ノッチなどの応力集中の原因となる要素が，仮に存在しないものとして，母体に生ずるべき応力をもってする場合が多い．

図 4.8 に，代表的な切欠きとその形状係数を示した．

① 無限板の中に円孔がある場合（円孔の直径の 5 倍以上離れたところに境界が存在するような場合は無限体と見なせる）：弾性論的にも α は求められており

$$\alpha = 3 \tag{4.5}$$

である．

② ノッチのある場合：

$$\alpha = 1 + f(\theta)(\alpha_\theta - 1), \quad f(\theta) = \frac{1 - e^{-0.90\sqrt{B/d}(\pi - 2\theta)}}{1 - e^{-0.90\pi\sqrt{B/d}}}$$

ただし，

α_θ：$\theta = 0$ のときの形状係数

d：ノッチの深さ

2θ：ノッチの角度

B：板の幅/2

設計で採用される切欠きは，円孔が多い．また，軸の段差部の丸み，油溝，キー溝なども，曲率半径は比較的小さく，深さも浅いため，形状係数は 3 前後である．したがって，円孔の形状係数 $\alpha = 3$ は，他の切欠きの形状係数を類推

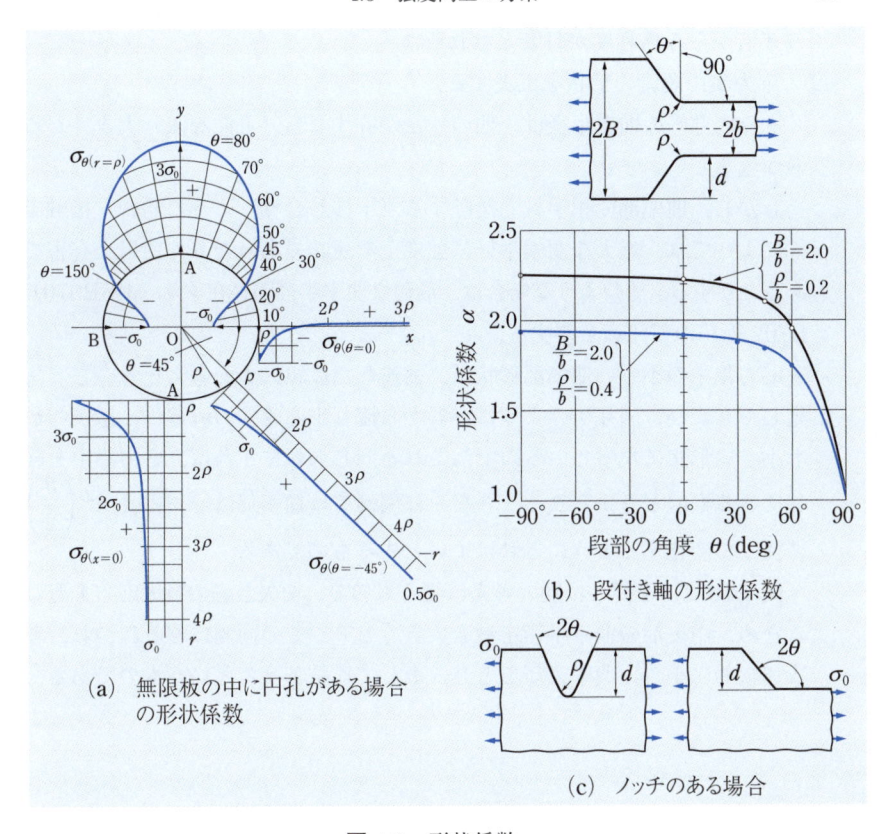

図 4.8　形状係数 α

(a) 無限板の中に円孔がある場合の形状係数

(b) 段付き軸の形状係数

(c) ノッチのある場合

する場合の一つの目安となる．

4.5.3　応力集中の緩和法

(1)　応力集中要素の形状を変化させて応力集中を緩和する

① いくつかの応力集中要素を設けるに際しては，個々の応力集中要素の影響が及ばない領域に設けるのが原則である．この場合は，**Saint–Venant の原理**を考慮して設けることとなる．Saint–Venant の原理は応力集中の要素の影響によって，応力分布のかく乱が起こるが，そのかく乱は，要素からの距離が増すとともに急速に減少し，結局かく乱は比較的狭い範囲に限られるというものである．影響の及ばなくなる距離は，要素の曲率半径

の 3 倍から 5 倍程度が目安とされる．

② 応力集中要素の形状を工夫する．

すみ肉部等の曲率半径は，他の寸法が許すなら，可能な限り大きくとるのが望ましい．

しかし，曲率部で相手材と接触する（干渉し合う）ような場合，接触条件によっては，過大な曲率半径は強度上無意味であったり，使用上有害であったりする．そのような場合は，最適な曲率半径が存在する（JISB0701，B702 等）ので注意を要する．

応力集中の小さい曲率部形状は，前述した流線による考えを考慮して決定してもよい．図 4.9 のように容器から流れ出る流体の流線は，抵抗の最も小さい形状になっているので，これと同じ形状にすれば，応力集中を緩和できるものと考えられる．ちなみに図例では曲率部は $x = 2c\sin^2\left(\dfrac{\theta}{2}\right)$ に従って変化するようにとればよいとするものである．

図 4.10 は，上記とは別の考えに従うもので，切欠き底の最大応力を避けるため，中央部の曲率半径を最も大きくとり，その両側に移るにつれ，順次連続的に小さい曲率半径をとり，そして連結させるというものである．

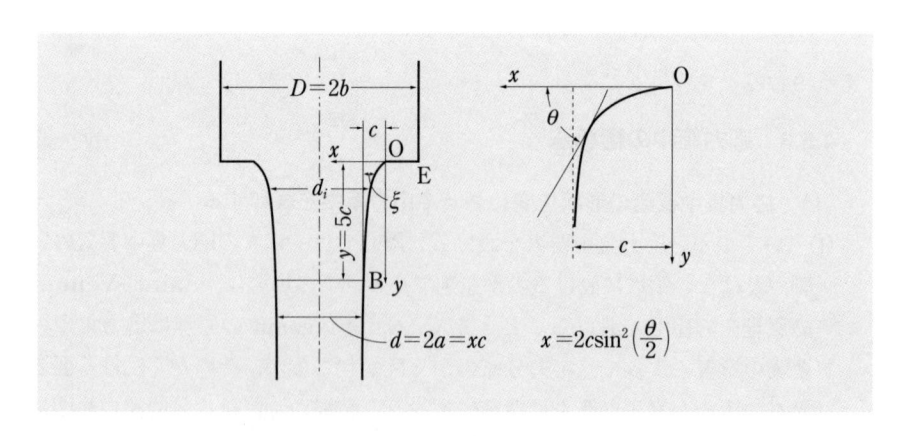

図 4.9 流体の流れに見立てて想定した応力

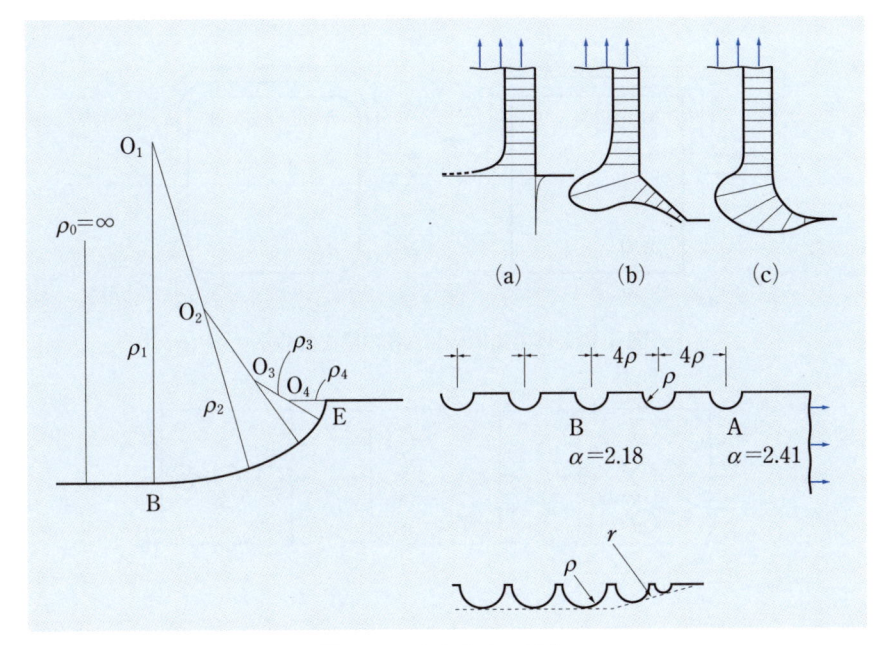

図 4.10　応力集中の緩和

(2) 応力集中要素の周辺条件を変化して応力集中を緩和する

　2つ以上の応力集中要素が互いに近接して存在すると，それぞれの応力集中が互いに干渉して，各応力集中が緩和される場合がある．このことを端的に把握するには，図 4.7 で触れたように，流線に見立てて主応力を簡便的に描いて推察するのが有効である．

■孔の隅を丸めた場合■

　隅を丸めた孔について，主応力線の流れを記すと図 4.11 のようになり，密集箇所は 4 箇所となる．主応力線の密集度合いは，1 円孔の場合に比較して小さい．本来，孔では，応力集中箇所は 4 箇所存在するのであるが，円孔の場合は，この応力集中箇所が重なり，2 箇所になったものと考えてよい．したがって，隅を丸めた孔の形状係数は，1 円孔の場合 $\alpha = 3$ より小さくなる．

■円孔を羅列した場合■

　リベット構造体で代表されるように，構造体では，図 4.12 に示したように円孔を縦列や横列に並べる場合が多い．

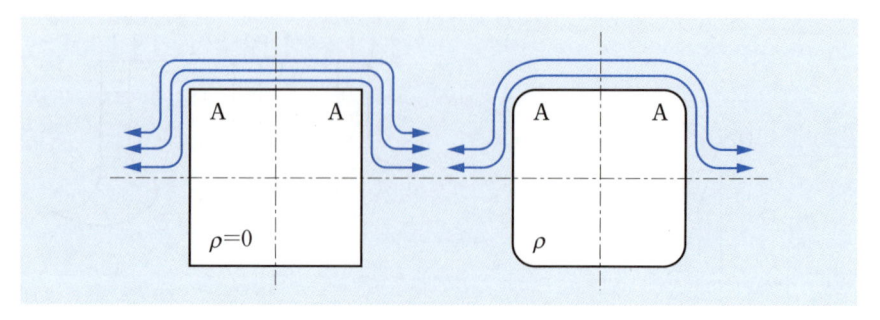

図 4.11 応力集中緩和（孔の隅を丸める）

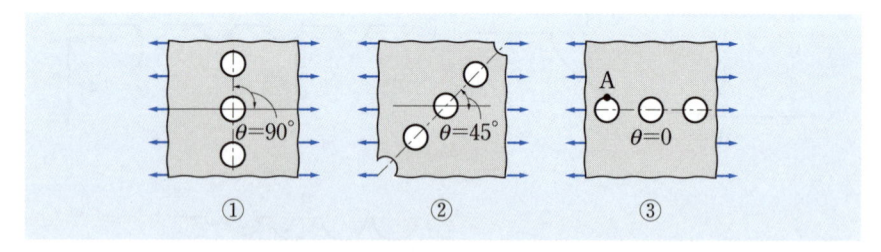

図 4.12 応力集中緩和（円孔の羅列）

①では，円孔と円孔に挟まれた箇所には，迂回を余儀なくされた主応力線が集まる．そのため，1 円孔の場合に比較して，極めて高い応力集中を生じる．

②では，円孔が斜めに並ぶため，円孔と円孔に挟まれた箇所での主応力線の流れ状態が，①より緩和される．しかし，依然として，密集度合いは高く，1 円孔の場合に比較して，高い応力集中を示す．

③では，横列に並ぶ円孔のために，1 円孔の場合には円孔に沿って回り込むように主応力線が流れたのに対して，回り込みが少なくなる．そのため，円孔の A 部（図 4.8 参照）の主応力線の密集度合いが緩和される．したがって，応力集中係数は，1 円孔の場合より小さくなる．

（3） 段差部やはめあい部の応力集中緩和

■段差部■

段差を持つ軸は，段差だけでも大きな応力集中を生じる．それに加えて，油溝や工具の逃げ溝を設けるため，さらに大きな応力を生じることとなる．この応力を緩和させるためには，段差部（形状については一部 JIS にも規定されて

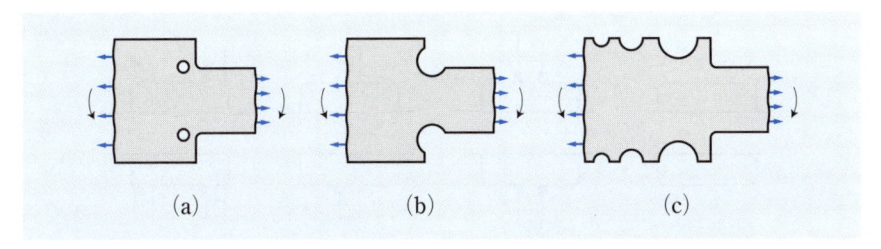

図 4.13 応力集中の緩和法

いる）の応力状態を，流線により推察するのが有効である．

段差部には図 4.13 に示したような方策がとられることも多い．
(a) 丸み部の内側に円孔を設ける．
(b) 丸み部の肩部，平行部の両者にわたる円弧状のアンダーカットを設ける．
(c) 丸み部の肩部にアンダーカットを設ける．

いずれも，流線の密度は小さくなり，応力集中は緩和されることがわかる．したがって，段差部での油溝や工具逃げ溝形状は，図 (b), (c) のようにすればよいことがわかるものの，その形状寸法と応力集中との数量的関係については，いまだ十分に把握されているわけではない．有限要素法等によって，逐一確かめるのがよさそうである．

はめあい部

軸と歯車との取り付け部や車輪と車軸の取り付け部に代表されるように軸と円筒部材との取り付け部では，図 4.14 に示したように，ラジアル荷重による圧縮応力 σ がはめ合い部中央で最大値をとり，両端では 0 となる．これに対して，接線方向荷重によるせん断応力 τ は端部で極めて大きくなる．したがって，$\tau \leqq \mu\sigma$（μ：摩擦係数）が満たされない部分（はめ合い部の端部に近い部分となる）では，すべりを発生することになる．このすべりを生じた部分は化学的に活性であるから，酸素が働いて赤色状の錆びが発生する．この錆が摩耗粉として脱落する．そして，この酸化摩耗粉が表面の凝着摩耗や研磨耗を促進させる．この現象は，フレッチングコロージョン（微動摩耗）と呼ばれるものである．

フレッチングコロージョンを避けるために，はめあい部の形状を工夫し，せん断応力を小さくする．図 4.15 はその例を示したもので，ボスの側面に環状の

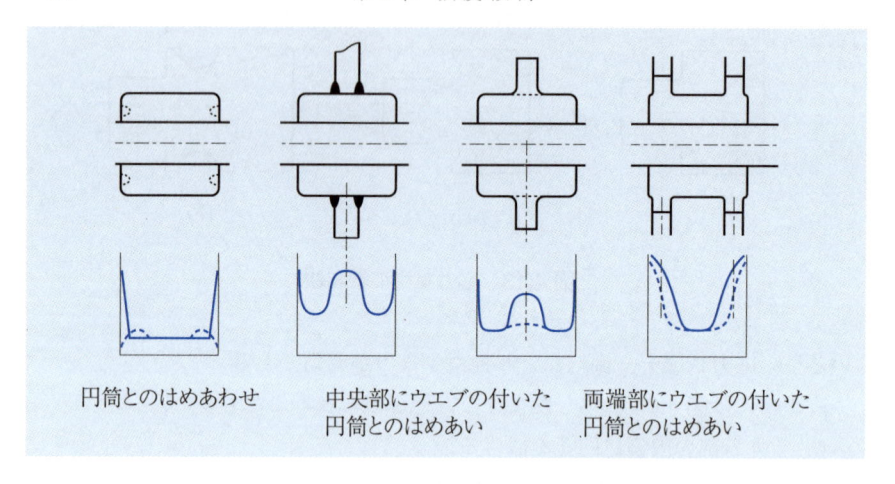

図 4.14　軸と円筒とのはめあいにおける応力分布状況
　　　　（せん断応力と圧縮応力の両者が作用した場合の主応力）

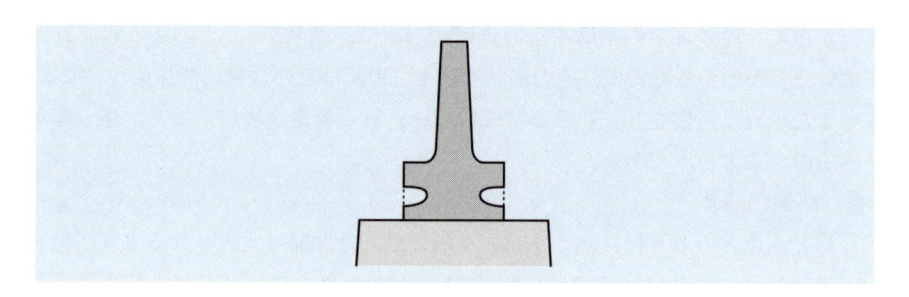

円筒とのはめあわせ　　中央部にウエブの付いた　　両端部にウエブの付いた
　　　　　　　　　　　　円筒とのはめあい　　　　　円筒とのはめあい

図 4.15　ウエブへの溝の設け方

溝を設け，さらにウエブがボスの中央になるように設けている．

第 4 章の問題

■ 1 図 I に示したクランク軸（ディーゼル機関用）の曲げ形状係数を次式に従って求め，各寸法と形状係数との関係について述べよ．寸法は，設計時を想定して適当にとること．

$$\alpha = 4.84 f_1 f_2 f_3 f_4 f_5$$

$$f_1 = 0.420 + 0.160\sqrt{d/r - 6.864}$$

$$f_2 = 1 + 81\left\{0.769 - (0.407 - s/d)^2\right\}(\delta/r)^2 \cdot (r/d)^2$$

$$f_3 = 0.285(2.2 - b/d)^2 + 0.785$$

$$f_4 = 0.444(d/t)^{1.4}$$

$$f_5 = 1 - (s/d + 0.1)^2/(4t/d - 0.7)$$

ただし，

$$8 \leqq \frac{d}{r} \leqq 27, \quad 0 \leqq \delta \leqq 1, \quad -0.3 \leqq \frac{s}{d} \leqq 0.3,$$

$$1.33 \leqq \frac{b}{d} \leqq 2.1, \quad 0.36 \leqq \frac{t}{d} \leqq 0.56$$

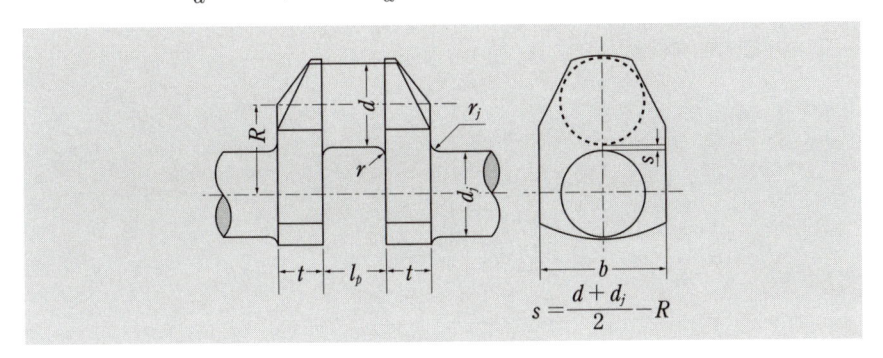

図 I クランク軸

■ 2 軸部の直径が異なると，疲れ限度に差異が生じることを寸法効果という．この寸法効果は，任意直径の丸棒の疲れ限度と，標準試験片の疲れ限度との比で表され，日本機械学会では，次の実験式を提案している．

$$\xi = 1 - \frac{\sigma_w}{\sigma_B}(0.522 e^{-\frac{5.33}{d}} - 0.306)$$

σ_w：任意直径の平滑試験片の疲れ限度

σ_B：任意直径の平滑試験片の引張り強さ

SS400 材について，d と ξ との関係を求め，図示せよ．

■ 3　図 4.13 に示したように段付き軸では，角部に切り込みを入れて，応力集中を緩和する方法がとられる．応力の流れを流体の流れにたとえて描き，応力緩和が図られることを確認せよ．

■ 4　キー溝の角部はキーの挿入を容易にするため，面取りが施される．この部分は，無応力に近く，面取りを施しても問題がないことを，応力の流れを流体の流れにたとえて描き，確認せよ．

■ 5　軸端など角部となっている箇所には，他物体との接触時に破損しないように面取りを施す．面取りを施しても問題のないことを，応力の流れを流体の流れにたとえて描き，確認せよ．

■ 6　図 II のように，円孔の開いた板に繰返し応力が加わる．円孔のない同じ板の疲れ限度線図は図中に併記したようである．
(1) この円孔の開いた板の疲れ限度線図はどのようになるか図示せよ．ただし，$\beta = \alpha$ と見なしてよい．
(2) 安全率を $n = 2$ として設計した場合，平均応力 $\sigma\mathrm{mean} = 200\,\mathrm{MPa}$ の場合の許容応力を求めよ．

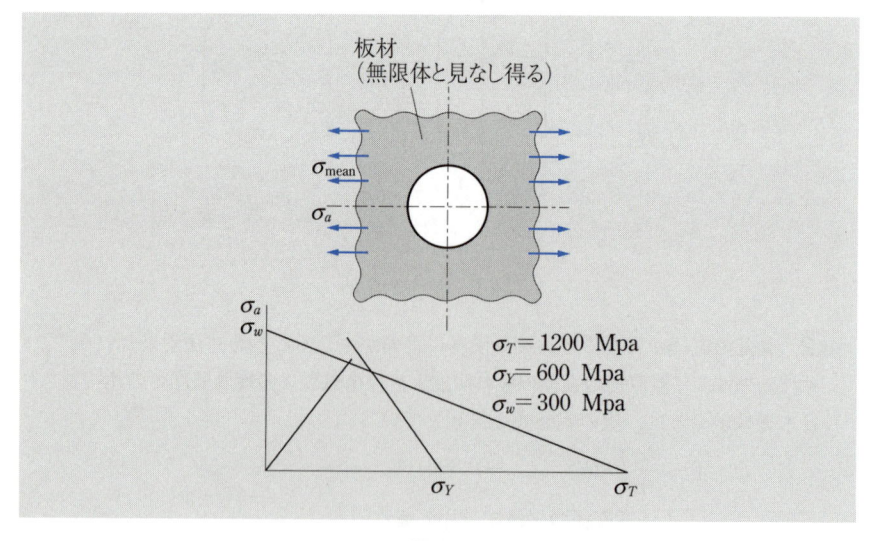

図 II

第5章
機械システムの設計

- 5.1 フィードバック制御系と構成要素
- 5.2 機械システムの慣性モーメント
- 5.3 機械装置を駆動するのに必要とする
  　　モータの出力，トルク
- 5.4 サーボモータの選定

本章では…

　一つのシステム（あるいは機械）を設計するにあたっても，機械系，電機系，制御系等それぞれの専門部署の担当者が分担する．その際，互いのデータ，知識を共有しながら作業を進める．機械系の担当者は，装置全体の構造，強度，機能等について把握しておく必要がある．とりわけ，他専門部署の担当者と情報交換する場合，システムを駆動するモータ，制御機器に要求される仕様の把握は不可欠である．
　機械設計といえば，機械要素設計であった．これは，部品単体の強度に関するものであった．しかし，現在では，上記のように，機械要素を組み込んだシステム全体の把握が必要とされる．システム設計にあたって，機械系担当に課せられるのは，入力端から出力端までの間に設けられた機械要素部品で消費されるエネルギー，そして，それを賄うのに十分なモータのトルク，パワー等の誘導である．
　機械システムの動力伝達は，ほとんどが回転によって行われる．回転に伴う動力の伝達，トルク，パワーの計算法を各種装置について述べる．

5.1 フィードバック制御系と構成要素

5.1.1 フィードバック制御とサーボ機構

機械に思い通りの動きをさせるには，**フィードバック制御**を必要とする．フィードバック制御系には，次のようなものがある．

- **サーボ機構**：物体の位置，方位，姿勢等を制御量として，目標値の任意の変化に追従するように構成された制御系である．制御量は位置あるいは角度である．
- **プロセス制御系**：制御量が圧力，温度，湿度などで，化学反応に使用される制御系である．制御動作が遅いのが特徴である．
- **自動調節系**：制御量が周波数，電圧，電力，速度，張力などである制御系である．制御動作が極めて速いのが特徴である．

これらの中でも，最もよく使われるのが，サーボ機構である．最近では，速度，加速度，力などを制御量とする場合も含めるようになった．そのような場合は，速度サーボ機構，力サーボ機構等とも呼ぶ．

このサーボ機構も，駆動要素から，電機サーボ系（信号処理系も駆動系も電気式），油圧サーボ系（信号処理系は弁などの機械式，駆動系は機械式），電機油圧サーボ系（信号処理系は電気式，駆動系は油圧式）と分類される．さらには，信号の形式によって，デジタルサーボ系，アナログサーボ系と分類されたり，制御系の構造によって，**オープンループ式**，**セミクローズド式**，**クローズドループ式**と分類されたりもする．サーボ機構では，位置あるいは角度のセンサを用いて制御量を検出し，フィードバックする．その際，フィードバックする先が，入力である場合がクローズドループ式であり，最も多用される．

駆動要素としては，DC，ACサーボモータがよく使用される．これは，高速応答（サーボ性能），高信頼性（動作の安定性），高精度等のためである．最近話題のステッピングモータは，モータの構造上，目標値と制御量の差に比例したトルクをモータ自身が発生する．そのため，あえて制御量を検出し，入力にフィードバックする必要がない．見かけ上，オープンループでの使用が可能という簡便さがある．

図5.1は直動案内を組み込んだサーボ機構の例と，その特徴を示したもので

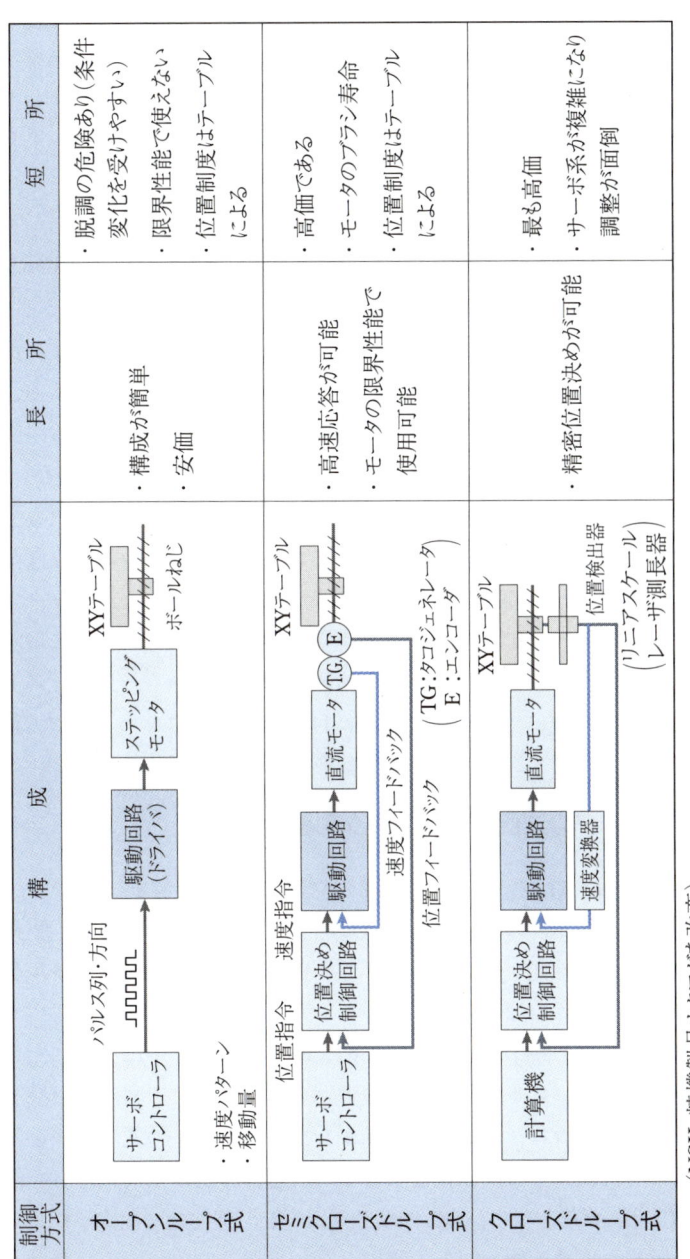

5.1 フィードバック制御系と構成要素

制御方式	構成	長所	短所
オープンループ式	サーボコントローラ → 駆動回路(ドライバ) → ステッピングモータ → XYテーブル(ボールねじ) ・パルス列・方向 ・速度パターン ・移動量	・構成が簡単 ・安価	・脱調の危険あり(条件変化を受けやすい) ・限界性能で使えない ・位置制御度はテーブルによる
セミクローズドループ式	サーボコントローラ → 位置決め制御回路 → 駆動回路 → 直流モータ(TG, E) → XYテーブル 位置指令／速度指令 速度フィードバック／位置フィードバック (TG:タコジェネレータ E:エンコーダ)	・高速応答が可能 ・モータの限界性能で使用可能	・高価である ・モータのブラシ寿命 ・位置制御度はテーブルによる
クローズドループ式	計算機 → 位置決め制御回路 → 駆動回路 → 直流モータ → XYテーブル、位置検出器、速度変換器 (リニアスケール、レーザ測長器)	・精密位置決めが可能	・最も高価 ・サーボ系が複雑になり調整が面倒

(NSK 精機製品カタログを改変)

図 5.1 サーボ機構例

ある．ここで，対象となる装置の位置決め精度，応答特性，価格などに対応して，構成部品も変わってくる．特に，センサとモータの種別選択に最も影響が及び，制御系も自ずと相応したものに落ち着く．

　位置決め精度がそれほど要求されないような場合は，ステッピングモータを使用し，フィードバックをかけないオープンループ式で十分である．

　高速応答や，より高い位置決め精度が要求されるような場合は，直流モータを使用し，タコジェネレータやエンコーダで速度や位置を検出し，フィードバックをかけるセミクローズド式を採用する．

　超精密な位置決めが要求されるような場合は，リニアスケールやレーザ測長機など極めて精度のよいセンサを組み込み，クローズドループ式を採用する．

　このようにサーボ機構では，目的に応じ，適切な選択をする必要がある．位置決め精度の割に，ことさら高価なモータやセンサを組み込んでも意味がない．図5.1を見てもわかるように，オープンループ式の場合は，構成部品点数も少なく比較的簡単にシステム構成ができる．セミクローズド式の場合は，位置決め用コントローラとかモータの駆動装置（ドライバ）が必要になる．モータの駆動装置には，トランス，リアクトル，過電流継電器等が含まれ，さらには暴走防止回路や焼損防止回路などの保護回路も組み込む必要がある．クローズドループ式の場合は，この他に，計算機とそれに付随する各種コンパレータ，制御用ソフトウェア，リニアエンコーダ用波形整形回路等が必要となる．

5.1.2　サーボモータの速度およびトルク制御

　モータといえば，直流（DC）モータ，交流（AC）モータ（同期型モータ，誘導型モータ）がまず浮かぶ．これらはサーボモータとして使用されるが，駆動形態によって発揮される性能が異なるので，頻繁に**変速制御**するのか，**トルク制御**するのかなどを見極めねばならない．

　モータは，フレミングの左手の法則で周知のように，磁界の中に置かれたコイル中に電流を流すと，コイルに一定方向の力が発生することを利用した機器である．**DC サーボモータ**は，電機子（コイルを束ねたもの）の電流極性をブラシと整流子により常に一定方向に保たれるようにし，界磁には永久磁石を使用している．**AC サーボモータ**は，DCの場合とは逆に，界磁側（固定子側）に付いていた永久磁石を電機子側（回転子側）とし，電機子側に付いていたコイ

ルを界磁側に配置した構造となっている．電流切り替えは，専用のサーボアンプと検出器により，マイコン等を利用して制御している．したがって，整流子とブラシは不必要となる．

図 5.2 に DC, AC サーボモータのトルク–回転速度特性を示す．これより，**サーボモータの特性**は，
① トルクは，モータの回転速度に関係なく，電機子電流に比例する，
② 回転速度は，電流一定なら，端子電圧に比例する，
③ 回転速度は，電圧一定なら，トルク（電流）に反比例する．
したがって，目的に応じて，電流制御するか，電圧制御するかが決まってくる．

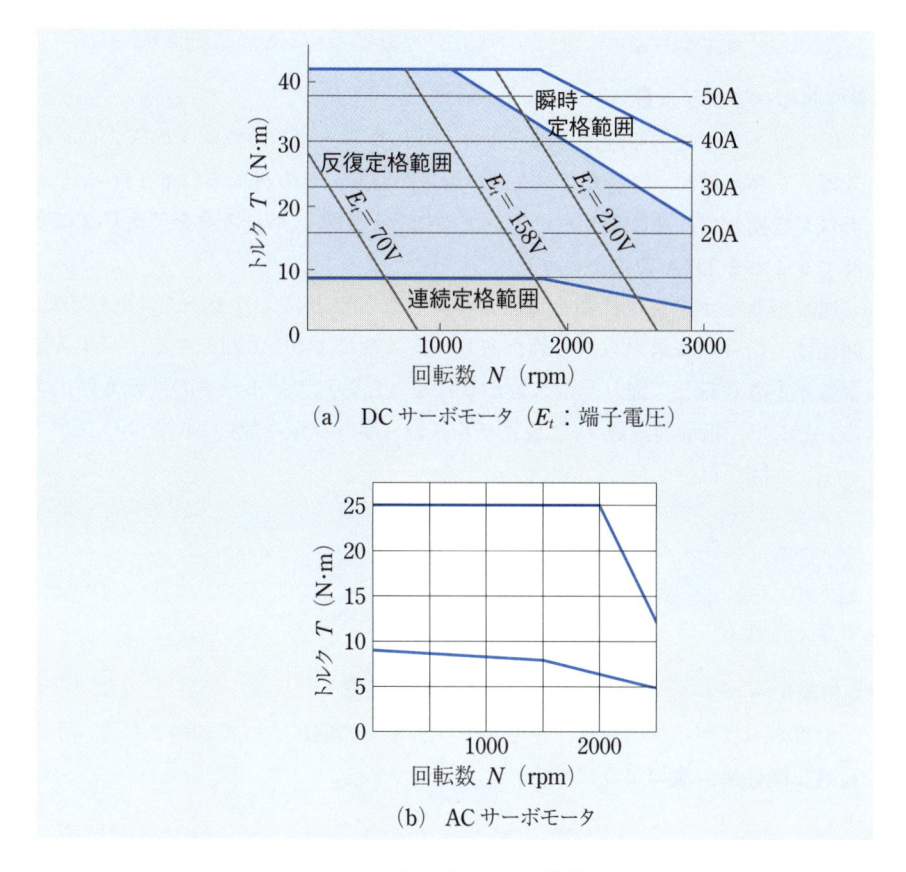

(a) DC サーボモータ（E_t：端子電圧）

(b) AC サーボモータ

図 5.2　サーボモータの特性

5.1.3 サーボ系の速度ループゲイン，位置ループゲイン

図 5.3 にも示したように，サーボ系ではフィードバックをかける必要があるが，そのフィードバックをかける際のゲインの把握が重要となる．

■速度ループゲイン■

速度ループゲイン K_v は，サーボアンプの入力に微小なステップ状の指令を与え，サーボアンプが電流飽和しないまでの応答時間 t_a（起動時間）の逆数である．これは，サーボアンプの仕様表における周波数特性から得られる．

$$K_v = \frac{1}{t_a}$$

■位置ループゲイン■

位置ループの制御原理は，図 5.3 のようになる．偏差カウンタの入力にパルス指令を与えると，偏差カウンタにパルスが溜り，そのパルスの溜り量 ε_p をアナログ変換して，速度型サーボアンプの指令とする（パルス量をアナログに変換することを D/A 変換という）．

速度型サーボアンプに指令電圧が与えられることによりモータは回転する．回転は，指令パルスから送られた溜りパルス数により，1 回転する．パルス指令を停止させると，溜りパルス数が 0 になった時点で，モータの回転も停止する．そこで，指令周波数 f_p と偏差パルス数（溜りパルス数）と位置ループゲイン K_p の関係は，

$$K_p = \frac{f_p}{\varepsilon_p}$$

で与えられる．

■位置ループゲインと速度ループゲインの関係■

位置ループゲインの値は，速度ループゲインの値によって制約される．その最適な関係は，次のようになる．

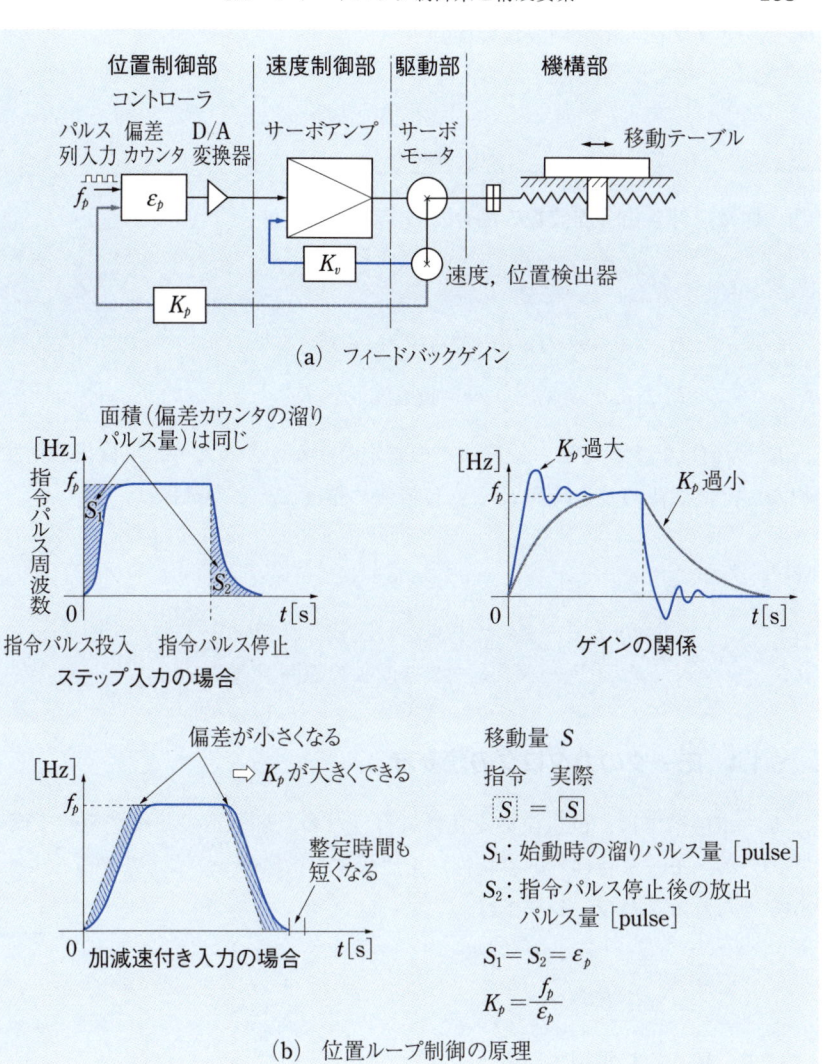

5.1　フィードバック制御系と構成要素

(a) フィードバックゲイン

(b) 位置ループ制御の原理

S_1：始動時の溜りパルス量 [pulse]
S_2：指令パルス停止後の放出パルス量 [pulse]
$S_1 = S_2 = \varepsilon_p$
$K_p = \dfrac{f_p}{\varepsilon_p}$

図 5.3　フィードバックの方法

① ステップ状の指令周波数の場合

$$K_p \leqq \frac{2}{t_a}$$

t_a：速度ループでの起動時間

② 加減速付き指令周波数の場合

$$K_p \leqq K_v \sqrt{\frac{J_M}{J + J_M}}$$

J_M：モータのロータの慣性モーメント

J　：モータ軸周りの等価慣性モーメント

K_p の値は低すぎると，位置決めの整定時間がかかったり，位置決め精度が出ない．位置決め整定時間 t_s と，位置決め精度 $\Delta\varepsilon$ との関係は，

$$t_s = \frac{3}{K_p}$$

$$\Delta\varepsilon > f_p \bigg/ \begin{pmatrix} \text{モータのカタログに記載されている} \\ \text{サーボアンプの速度制御範囲} \times K_p \end{pmatrix}$$

5.1.4　モータのカタログの読み方

サーボ機構では，位置決めを正確に行うため，加減速の頻度が極めて高い．そのため，モータ特性（応答特性）を比較する指標の一つとしてパワーレートが挙げられる．パワーレートは，

$$\kappa = \frac{\tau^2}{J^2} = \frac{Ri^2}{RJ/\phi^2} = \frac{W}{t}$$

ここで，W：定格銅損（$= Ri^2$）

t　：機械的時定数（$= RJ/\phi^2$）

τ　：定格トルク

J　：モータのロータの慣性モーメント（イナーシャ）

R　：電機子抵抗

ϕ　：トルク定数

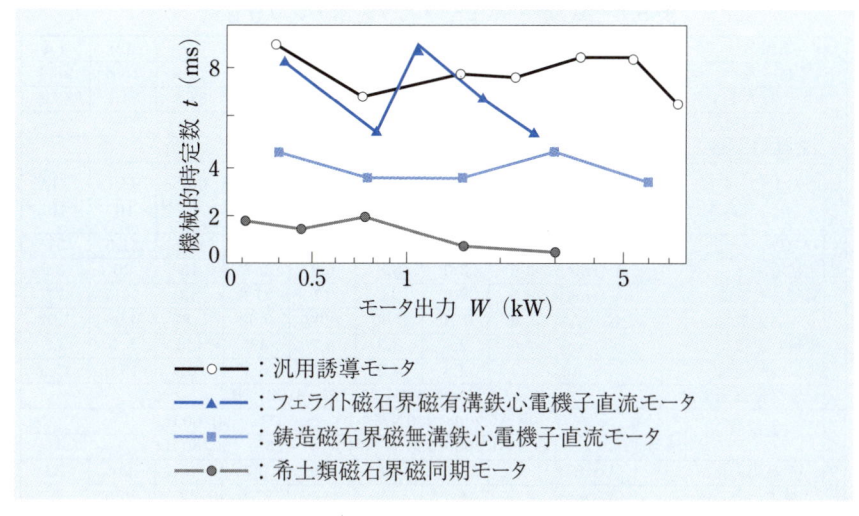

図 5.4 モータ出力と機械的時定数の関係

i：定格電流

で示され，同じ定格銅損の場合（ほぼ同じ重量のモータとなる）は，**機械的時定数** t の低いものほど，応答特性がよいということになる．モータ出力と機械的時定数との関係を整理した結果では，図 5.4 のように，モータ種別ごとにグループ分けでき，希土類磁石界磁型の同期モータが一番時定数が低く，次いで，鋳造磁石界磁型で無溝鉄心電機子の直流モータ，フェライト磁石界磁型で有溝鉄心電機子の直流モータ，誘導電動機の順である．現在，多くのモータに使用されるようになった希土類永久磁石の優秀性がうかがえる．

サーボ機構を組む場合は，図 5.2，図 5.4 等を参考にして，要求される時定数に応じた適切なモータを選別する必要がある．

表 5.1 はカタログの例を示したものである．**カタログ**は，DC サーボも AC サーボの場合も，ほぼ同じ表記がされている．前述したように，電圧値は速度を，電流値はトルクを制御する量として認識しておくとよい．

（1）**定格出力，定格電流**

定格電流は，定格トルクを発生するために流す電流．定格出力は定格回転速度にて，出し得るモータの出力を意味する．

出力 P は，モータの回転速度 ω と，発生トルク T の積で与えられる．

表 5.1 AC サーボモータとサーボアンプ仕様例

サーボモータ	*定格出力	kW	0.15	0.3	0.45	0.85	1.3	1.8	2.9	4.4
	*定格トルク	N·m	0.98	1.96	2.84	5.39	8.33	11.5	18.6	28.4
	*瞬時最大トルク	N·m	2.91	5.82	8.92	15.2	24.7	34.0	54.1	76.2
	*定格回転速度	r/min	1500							
	*最高回転速度	r/min	2500							
	回転子イナーシャ $\left(\dfrac{GD^2}{4}\right)$ $[J_M]$ kg·m²		1.3×10^{-4}	2.06×10^{-4}	13.5×10^{-4}	24.3×10^{-4}	36.7×10^{-4}	66.8×10^{-4}	110×10^{-4}	143×10^{-4}
	*パワーレート	kW/s	7.4	18.3	6	12	18.9	19.7	31.5	57
	定格電流	A (rms)	3.0	3.0	3.8	6.2	9.7	15	20	30
	瞬時最大電流	A (rms)	8.5	8.5	11	17	27.6	42	56.5	77
	トルク定数	N·m/A	0.36	0.72	0.80	0.92	0.92	0.82	0.98	1.02
	機械時定数	ms	4.5	2.5	8.3	5.7	4.7	6.8	5.1	4.1
	電気的時定数	ms	3.4	4.3	4.2	5.5	6.4	10.4	13.0	15.2
	速度・位置検出器		インクリメンタルエンコーダ (8192P/R)							

サーボアンプ基本仕様	入力電源	主回路	三相 AC200〜230 V +10〜−15% 50/60 Hz
		制御回路	単相 AC200〜230 V +10〜−15% 50/60 Hz
	連続出力電流	A(rms)	3　3　3.8　6.2　9.7　15　20　33
	最大出力電流	A(rms)	8.5　8.5　11　17　27.6　42　56.5　77
	制御方式		トランジスタ PWM 方式
	フィードバック		インクリメンタルエンコーダ (8192 P/R)
	使用周囲条件	使用温度	0〜+55°C
		保存温度	−20〜+85°C
		使用・保存湿度	90%以下 (結露のないこと)
		耐振動/耐衝撃	0.5G/2G
	構造		ベースマウント
性能	速度制御範囲		1:5000
	速度変動率	負荷変動率	0〜100% : −0.01%以下 (定格回転速度)
		電圧変動率	+10〜−15% : 0%
		温度変動率	25±25°C : ±0.1%以下 (定格回転速度)
	周波数特性		100Hz ($J_L = J_M$)
入出力信号	速度指令	定格指令電圧	DC±6 V (プラス指令でモータ正転) at 定格回転速度
		入力インピーダンス	約 30 kΩ
		回路時定数	約 70 μs
	位置 (PG パルス) 出力	出力形態	ラインドライバおよびオープンコレクタ (A 相・B 相・C 相)
		分周比	(1〜8192)/8192
	シーケンス入力信号		サーボ ON, P 動作 (トルク制御, 零クランプ), 正転駆動禁止 (P-OT), 逆転駆動禁止 (N-OT), アラームリセット
	シーケンス出力信号		電流制限検出中, TGON, サーボレディ, サーボアラーム, アラームコード (3 bit)
	外部電流制限		P 側, N 側とも独立で 0〜± 最大電流まで設定可能 (3 V/100%電流)
内蔵機能	DB 機能		主電源オフ時, サーボアラーム発生時, サーボオフ時, オーバトラベル時に動作する自動 DB 内蔵
	回生処理		回生抵抗器内蔵
	適用負荷イナーシャ		回転子イナーシャの 5 倍以下
	オーバトラベル防止		P-OT, N-OT 動作時 DB 停止
	保護機能		通信異常, 過電流, MCCB トリップ, 回生異常, 過電圧, 過速度, 不足電圧, 過負荷, 原点異常, A/D 変換異常, 暴走 (暴走, 断線), 欠相, CPU 異常

*印は，サーボアンプと組み合わせ，電機子巻線温度が 20°C の値である

$$P = T\omega = T\left(\frac{2\pi}{60}N\right) \tag{5.1}$$

（2） 瞬間最大電流
モータに許容できる瞬時最大値で，定格電流の 2～3 倍の電流が流せる．したがって，瞬間最大トルクは定格トルクの 2～3 倍となる．この値以上で使用すると，電気的，機械的，熱的に支障をきたすことがある．サーボ機構の始動，制動時の加減速度の限界を決定する因子の 1 つである．

（3） 機械的時定数
モータ単体に対して，十分な起動電流をステップ状に流した場合，最終回転速度の 63% に達する時間をいう．

（4） 電気的時定数
モータ軸を回転できないように固定しておいた上で，モータにステップ状の電圧をかけて，最終電流の 63% に達するまでの時間をいう．

（5） 速度制御範囲
速度指令電圧に応じて，無段階的に速度を変えられる速度範囲をいう．ちなみに，定格回転速度が 1500 rpm のモータの場合，速度制御範囲が 1：5000 というと，1500/5000 = 0.3 rpm まで定格トルクを発生させながら，回転数を制御できることを意味する．したがって，この値が大きいほど，速度制御範囲が大きくとれる．

（6） パワーレート
前述したように，負荷を加速，減速するために，許容できる出力の限界を示す．サーボモータの性能を表す最も大切な指標で，値が大きいほどサーボ性能がよい．

（7） 適用負荷イナーシャ
サーボモータの回生能力によって決まる値である．負荷に関わる慣性モーメントをモータ軸周りの値に換算した場合に，この値以下に抑える必要がある．

5.2 機械システムの慣性モーメント

機械装置を設計するにあたって,まず問題となるのは,
① 要求される機能を達成するための系全体のモデル化.とりわけ,軸,歯車などの機械要素の配置
② 加減速などの制御パターン
③ 機械装置を駆動するに十分な性能を有する,駆動源の選定

等である.
これらの項目について順次述べる.

5.2.1 装置のモデル化および各要素の慣性モーメント

まず,設計対象とする装置のモデル化を図る必要がある.モデル化では,達成させるべき機能を念頭におき,歯車,軸,リンク,軸受け等の機械要素の配置を適切に行う.モデル化を図った系については,極力低価格で製作する必要がある.そのため,各要素の有している質量に関わる問題が生起する.回転運動や直線運動する部分の質量は,慣性という形で設計に反映される.装置全体で有している慣性の大きさに比べ,駆動源(モータ)の能力が不十分であれば,駆動源は,焼き切れる等の損傷も起こす.

図 5.5,図 5.6,図 5.7 は,**減速装置**,**搬送装置**,**電動車両**のモデル化を図った例である.このような系における各要素の質量,慣性モーメントおよびそれらの相互間の関係を述べる.

■慣性モーメント■

回転体に対して図 5.8 のように座標軸をとる.
(1) X 軸に関する慣性モーメント J

回転軸からの距離 r の位置にある微小重量 dm をとり,

$$J = \int_M r^2 dm$$

$\int_M$:回転体全体についての積分を意味する

したがって,

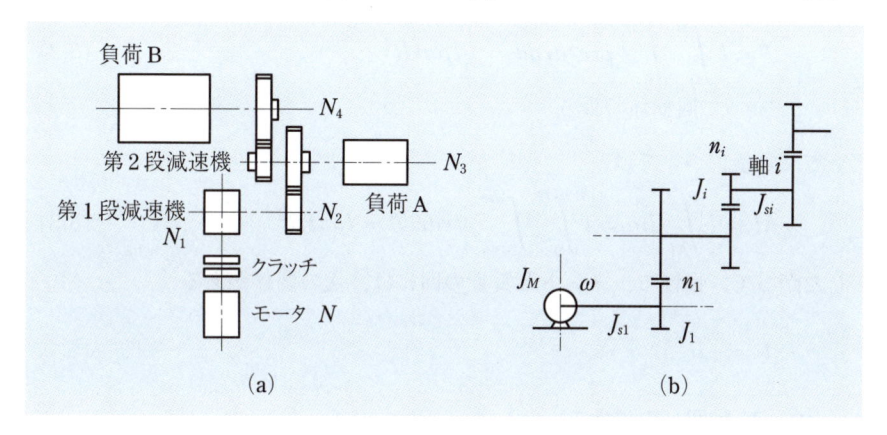

図 5.5　減速装置のモデル化

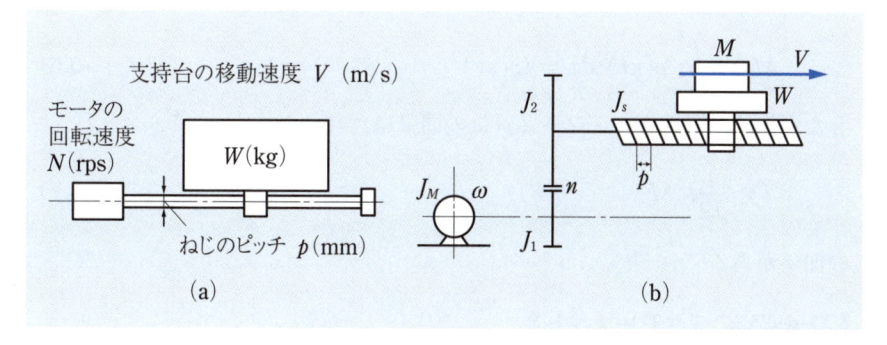

図 5.6　搬送装置のモデル化

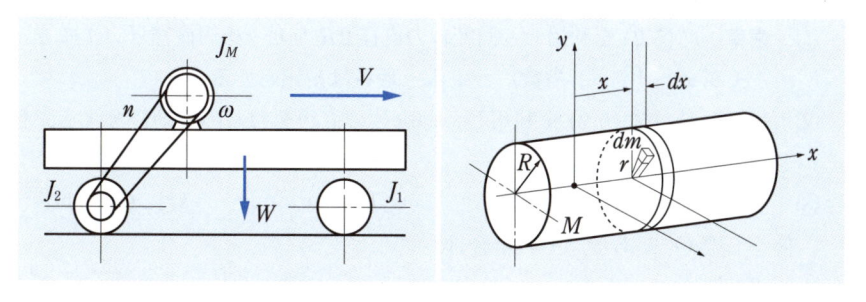

図 5.7　車両のモデル化　　　図 5.8　慣性モーメントの求め方

$$J = l\int_0^R \int_0^{2\pi} \rho t r^3 dr d\theta = \frac{1}{2}l\rho\pi t R^4 \qquad (5.2)$$
l：回転体の長さ

一方，質量については，

$$M = l\int_M dm = l\int_0^R \int_0^{2\pi} \rho t r dr d\theta = l\rho\pi t R^2 \qquad (5.3)$$

したがって，慣性モーメントと質量の間には，次の関係がある．

$$J = \frac{1}{2}R^2 M \qquad (5.4)$$

(2) Y 軸周りの慣性モーメント

図 5.8 に示したように中心より，距離 x にある微小要素 dx を考え，

$$J = 2\int_0^{\frac{l}{2}} x^2 \rho(\pi r)^2 dx = \frac{1}{12}l^3 \rho(\pi r)^2 \qquad (5.5)$$

$$M = 2\int_0^{\frac{l}{2}} \rho(\pi r)^2 dx = l\rho(\pi r)^2 \qquad (5.6)$$

したがって，慣性モーメントと質量の間には，

$$J = \frac{1}{12}l^2 M \qquad (5.7)$$

の関係がある．

■機械要素の慣性モーメント■

上記を利用して図 5.9 に示したような歯車，リンク等の機械要素の慣性モーメントの計算法について述べる．

① 歯車：式 (5.2) を利用し，回転体の直径 $2R$ をピッチ円直径 d（$d = mz$, m：モジュール，z：歯数）とする．長さは歯幅とする．

② 送りねじ：式 (5.2) を利用し，回転体の直径をねじの有効径とする．長さは，ねじ長とする．

③ リンク：式 (5.5) を利用する．しかし回転の中心は，一般に O ではなく，偏心した O′ である．その場合は，

$$J_{O'} = J_O + M\eta^2 \qquad (5.8)$$

$J_O, J_{O'}$：O, O′ 軸回りの慣性モーメント

5.2 機械システムの慣性モーメント

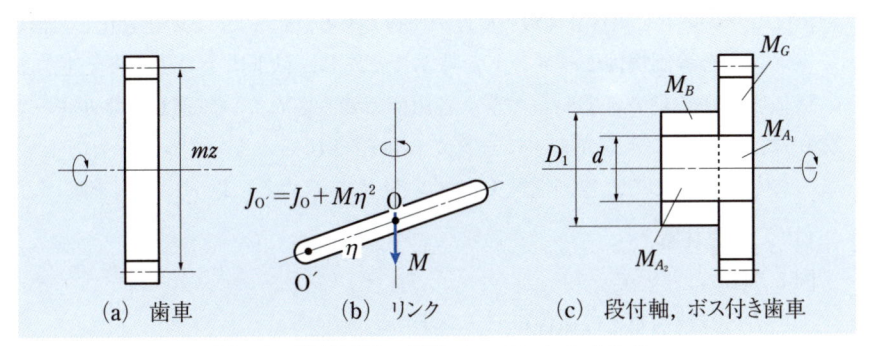

(a) 歯車 (b) リンク $J_{O'} = J_O + M\eta^2$ (c) 段付軸，ボス付き歯車

図 5.9 機械要素の慣性モーメントの求め方

η：OO' 間の距離

M：リンクの質量

④ 組み合わせた部品

$$J = \sum_i (J_i + M_i \eta_i^2) \tag{5.9}$$

η_i：回転の中心と各部品の中心位置（重心でもある）までの距離

(a) 段付軸

$$J = \sum_i \frac{1}{2} R_i^2 M_i \tag{5.10}$$

(b) ボス付歯車

図例の場合，

$$\text{歯車部}: J_G = \frac{1}{2}\left(\frac{mz}{2}\right)^2 M_G - \frac{1}{2}\left(\frac{d}{2}\right)^2 M_{A_1} \tag{5.11}$$

$$\text{ボス部}: J_B = \frac{1}{2}\left(\frac{D_1}{2}\right)^2 M_B - \frac{1}{2}\left(\frac{d}{2}\right)^2 M_{A_2} \tag{5.12}$$

したがって，歯車全体の慣性モーメント J は

$$J = J_G + J_B \tag{5.13}$$

5.2.2 装置全体の慣性モーメント

機械は歯車，送り装置，直動案内等の機械要素を組み込んで構成するが，これらを一括して，1個のモータで駆動する．このモータの仕様や，制御法（フィードバックゲインの大きさなど）を検討する際しては，回転運動や直線運動を行う部分

の慣性モーメントを総合して扱った方が便利である．そこで，この総合化した慣性モーメントを**等価慣性モーメント**と呼ぶことにし，以下にその誘導法を述べる．

機械装置が駆動されているとき，各箇所で費やされている**運動エネルギー**の総和は，当然のことながら，モータから供給されているエネルギーと等しい．このことを利用して，等価慣性モーメント J を求める．以下に事例を挙げる．

（1） 減速装置

図5.5(b) において，

J_i：減速歯車 i の慣性モーメント

J_{si}：軸 i の慣性モーメント

J_M：モータのロータの慣性モーメント

ω ：モータの回転角速度

n_i：減速歯車 i の減速比

とすると，モータが供給しなくてはならない運動エネルギーは

$$E = \frac{1}{2}J\omega^2 = \frac{1}{2}\left\{J_M\omega^2 + \sum_{i=1}^{n}(J_i + J_{si})\left(\frac{n_i}{n_1}\right)^2\omega^2\right\} \tag{5.14}$$

であるから，

$$J = J_M + \sum_{i=1}^{n}(J_i + J_{si})\left(\frac{n_i}{n_1}\right)^2 \tag{5.15}$$

（2） 搬送機構

図5.6(b) にて，

W ：送りねじに取り付けられたテーブルの質量

M ：搬送物の質量

J_1：減速歯車1の慣性モーメント

J_2：減速歯車2の慣性モーメント

J_s：送りねじの慣性モーメント

J_M：モータのロータの慣性モーメント

ω ：モータの回転角速度

V ：テーブルの移動速度

n ：減速機の減速比

p ：送りねじのピッチ

とすると，モータが供給しなくてはならない運動エネルギーは

$$E = \frac{1}{2}J\omega^2$$
$$= \frac{1}{2}\left\{J_M\omega^2 + J_1\omega^2 + J_2(n\omega)^2 + J_s(n\omega)^2 + (W+M)V^2\right\} \quad (5.16)$$

ここで，ω と V との間には，

$$V = \frac{n\omega}{2\pi}p \quad (5.17)$$

の関係があるから，代入整理すると，等価慣性モーメントは，

$$J = \left\{J_M + J_1 + J_2 n^2 + J_s n^2 + (W+M)\left(\frac{np}{2\pi}\right)^2\right\} \quad (5.18)$$

となる．

(3) 車両

図 5.7 において

W ：車両の質量
J_1 ：前車輪と前車軸を合わせた慣性モーメント
J_2 ：後車輪と後車軸を合わせた慣性モーメント
J_M ：モータのロータの慣性モーメント
ω ：モータの回転角速度
V ：車両の移動速度
n ：モータ軸と車軸の間にわたされた動力伝達機構の減速比
　　（プーリーの外径比）

$$E = \frac{1}{2}J\omega^2$$
$$= \frac{1}{2}\{J_M\omega^2 + (J_1+J_2)(n\omega)^2 + WV^2\} \quad (5.19)$$

ここで，

$$V = n\omega R \quad (5.20)$$

であるから，

$$J = J_M + (J_1+J_2)n^2 + W(nR)^2 \quad (5.21)$$

5.3 機械装置を駆動するのに必要とするモータの出力,トルク

駆動モータに必要とされるトルク T は,

$$T = J\frac{d\omega}{dt} \tag{5.22}$$

J:等価慣性モーメント,ω:モータ軸の回転速度

出力 P は,

$$P = T\omega$$

で与えられる。

例 図 5.5〜図 5.8 に示した装置にて,駆動制御対象とする箇所の速度変化を

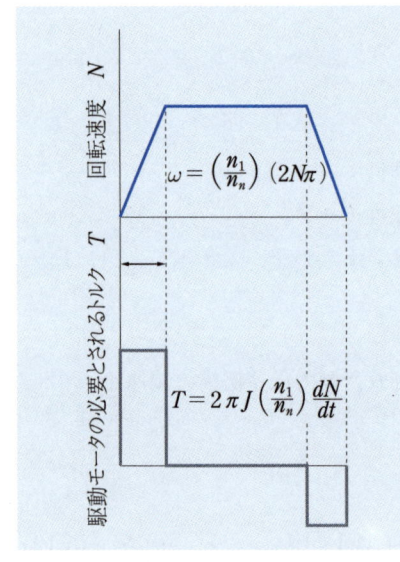

図 5.10 装置の加速,減速の状態およびモータの必要トルク

$$\begin{bmatrix} n_1:減速歯車1の減速比 \\ n_n:減速歯車 n の減速比 \\ N:モータの回転速度(rps) \end{bmatrix}$$

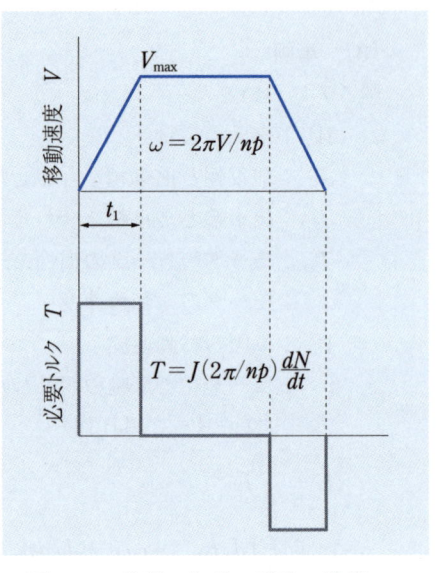

図 5.11 装置の加速,減速の状態およびモータの必要トルク

[N:モータの回転速度(rps)]

(図 5.10 中: $\omega = \left(\dfrac{n_1}{n_n}\right)(2N\pi)$, $T = 2\pi J\left(\dfrac{n_1}{n_n}\right)\dfrac{dN}{dt}$)

(図 5.11 中: $\omega = 2\pi V/np$, $T = J(2\pi/np)\dfrac{dN}{dt}$)

5.3 機械装置を駆動するのに必要とするモータの出力,トルク

図 5.10, 図 5.11 に示したようにする場合について,考えてみる.

(1) 搬送機構

$$\omega = \frac{2\pi V}{np}$$

であるから,

$$T = J\frac{2\pi}{np}\frac{dV}{dt} \tag{5.23}$$

となる.駆動初期時の必要トルクは,図 5.11 の初期の傾き

$$\frac{dV}{dt} = \frac{V_{\max}}{t_1} \tag{5.24}$$

を考えると

$$T = J\frac{2\pi}{np}\frac{V_{\max}}{t_1}$$

加速時の,出力は,

$$\begin{aligned} P &= T\omega \\ &= J\frac{(2\pi V_{\max}/np)^2}{t_1} \end{aligned}$$

定常走行時の出力は,

$$P = 0$$

(2) 減速装置

$$\begin{aligned} \omega &= \left(\frac{n_1}{n_n}\right)\omega_0 \quad (\omega_0:\text{初期速度}) \\ &= \left(\frac{n_1}{n_n}\right)(2N\pi) \quad (N:\text{回転速度}) \end{aligned} \tag{5.25}$$

であるから,

$$T = 2\pi J\left(\frac{n_1}{n_n}\right)\frac{dN}{dt} \tag{5.26}$$

となる.$\dfrac{dN}{dt}$ は図 5.10 から読み取ればよい.

(3) 車両

$$\omega = \frac{V}{nR} \tag{5.27}$$

であるから，

$$T = J\frac{1}{nR}\frac{dV}{dt} \tag{5.28}$$

となる．

例題 5.1 図 5.12 に示した工作機械の工具部が図中に示したような加速，定速，減速を繰り返すように設計する．この際にモータに必要とされる駆動トルクおよび出力を求めよ．

J_{G_1}：歯車 G_1 の慣性モーメント
J_{G_2}：歯車 G_2 の慣性モーメント
J_P：プーリーの慣性モーメント
W：工具台の重量
v：工具台の移動速度
r：プーリーの有効半径
t：時間
ω：モータの回転角速度
z_1, z_2：歯車の歯数

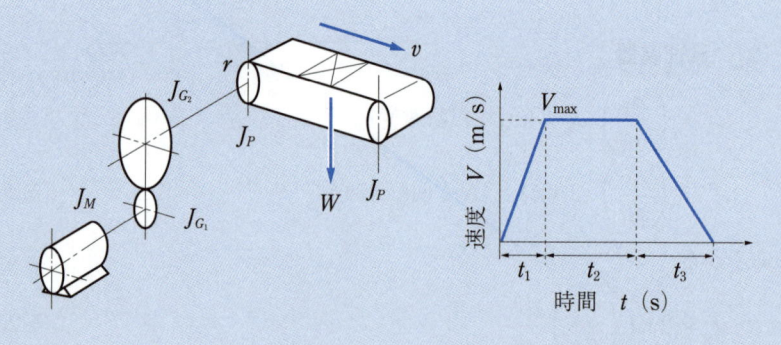

図 5.12 送り台機構

5.3 機械装置を駆動するのに必要とするモータの出力,トルク

解答 モータが供給しなくてはならない運動エネルギーは

$$E = J\omega^2$$
$$= \frac{1}{2}\left\{J_M\omega^2 + J_{G_1}\omega^2 + J_{G_2}\left(\frac{z_1}{z_2}\omega\right)^2 + 2J_P\left(\frac{z_1}{z_2}\omega\right)^2 + \frac{W}{g}V^2\right\}$$

ただし,g は重力加速度.ここで,ω と V との間には,

$$V = \left(\frac{z_1}{z_2}\omega\right)r$$

の関係があるから,代入整理すると,等価慣性モーメントは,

$$J = J_M + J_{G_1} + (J_{G_2} + 2J_P)\left(\frac{z_1}{z_2}\right)^2 + \frac{W}{g}\left(\frac{z_1}{z_2}r\right)^2$$

駆動トルクは,

$$T = J\frac{d\omega}{dt}$$
$$= J\left(\frac{z_2}{z_1 r}\right)\frac{dV}{dt}$$

であるから,図 5.12 より,

$$T = J\left(\frac{z_2}{z_1 r}\right)\frac{V_{\max}}{t_1}$$

したがって,

$$P = J\left(\frac{V_{\max}z_2}{z_1 r}\right)^2\frac{1}{t_1}$$

5.4 サーボモータの選定

サーボモータの選定にあたっては,以下の項目全てを満足する必要がある.
- モータの駆動トルク < モータの定格トルク
- モータの回転速度 < モータの定格回転速度
- 加速時のモータ出力 < モータの定格出力
- モータ軸周りの等価慣性モーメント
  $\qquad\qquad\qquad$ < サーボアンプの許容負荷慣性モーメント

例として,使用するモータはほとんど減速機(ギアヘッド)付きモータであるので,減速機付きモータの選定について述べる.

① ギアヘッドの減速比 i を求める.

モータは仕様によって,出力トルクが大きく仕様限界範囲が広くなっているため特定の回転数 N_M が規定されている.減速機付きモータのギア出力軸の回転数が N_A から N_B ($N_A < N_B$) まで変化する場合,減速比 i は

$$i = \frac{N_M}{N_B}$$

② 減速機付きモータ軸の最高回転数 N_H と,最低回転数 N_L を求める.

$$N_H = N_B \times i$$
$$N_L = N_A \times i$$

③ 負荷を駆動するのに必要とされるトルク T_L と,減速比 i およびギアヘッドの効率 η からモータの駆動トルク T_M を求める.

$$T_M = \frac{T_L}{i \cdot \eta}$$

④ モータのトルク–回転数特性曲線中に動作線 l を図 5.13 (a) のように記入し,使用限界線の右側にくるモータを選定する.モータによっては,図 5.13 (b) のように,連続運転領域内にあるモータを選定することになる.

5.4 サーボモータの選定

(a)

(b)

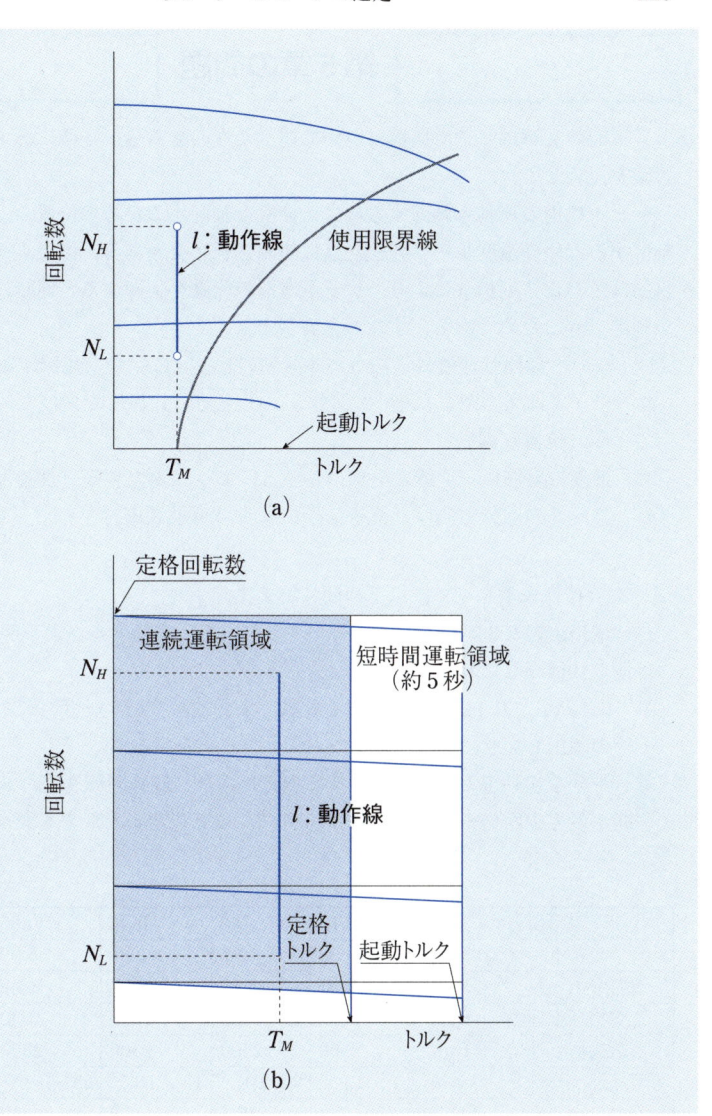

図 5.13

第5章の問題

■1 下記の文章はサーボ機構について述べたものである．空欄にあてはまる適切な言葉を記入せよ．

　サーボ機構の運動を制御するには，位置を制御するための位置ループを，速度を制御するための速度ループの□に組み込む必要がある．位置ループを組み込む目的は，パルス列指令により，サーボ機構の位置を制御すると同時に速度と応答性を制御できるためである．すなわち特徴として
 (1) モータの回転速度は，指令パルス列の□に完全に比例する．〔速度制御〕
 (2) モータは入力された指令パルス列の□に比例した角度だけ回転して止まる．〔位置制御〕
 (3) 速度の応答は，位置ループの□によって変化する．〔加速度制御〕
 (4) モータの回転方向は，符号信号による．〔可逆制御〕

■2 次の仕様表Ⅰを見て，以下の問に答えよ．
 (1) 定格出力 0.3 kW のサーボモータについて，定格トルクが不明であった場合，他の仕様からこれを求めよ．
 (2) 0.3 kW と 0.4 kW のモータを比較して，どちらがサーボ性がよいといえるか．その理由も記せ．
 (3) 十分な起動電流をステップ状に加えた場合，最終回転速度の 63% に達する時間が最も少ないモータはどれか．何によって判定したかをも記せ．

表Ⅰ

定格出力	kW	0.15	0.3	0.45	0.85	1.3
定格トルク	N·m	0.98	1.96	2.84	5.39	8.33
瞬時最大トルク	N·m	2.91	5.82	8.93	15.2	24.7
定格回転速度	rpm	1500	1500	1500	1500	1500
最高回転速度	rpm	2500	2500	2500	2500	2500
回転子イナーシャ	kgm²	1×10^{-3}	2×10^{-3}	13×10^{-3}	24×10^{-3}	36×10^{-3}
パワーレート	kW/s	7.4	18.3	6	12	15.9
定格電流	A	3	3	3.8	6.2	9.7
瞬時最大電流	A	8.5	8.5	11	17	27.6
トルク定数	N·m/A	0.36	0.72	0.8	0.92	0.92
機械時定数	ms	4.5	2.5	8.3	5.7	4.7
電気的時定数	ms	3.4	4.3	4.2	5.5	6.4

(4) 回転子イナーシャ（慣性モーメント）が大きなモータほど，定格トルクも大きくなっている．なぜか．

■ **3** 図Ⅰのような位置決め装置の制御に関する仕様が図中のように与えられている．これより，
(1) 位置ループゲインの概略値
(2) 位置決め整定時間の概略値
(3) 定常移動の偏差パルス
(4) 位置決め精度の概略値
を求めよ．

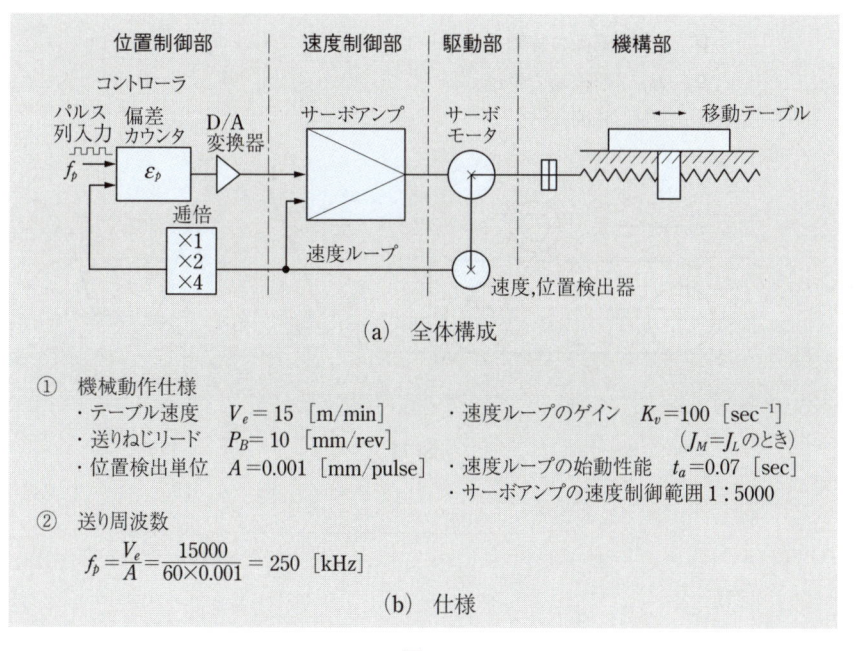

(a) 全体構成

① 機械動作仕様
・テーブル速度　$V_e = 15$ [m/min]　　・速度ループのゲイン　$K_v = 100$ [sec^{-1}]
・送りねじリード　$P_B = 10$ [mm/rev]　　　　　　　　　　　　　　($J_M = J_L$ のとき)
・位置検出単位　$A = 0.001$ [mm/pulse]　・速度ループの始動性能　$t_a = 0.07$ [sec]
　　　　　　　　　　　　　　　　　　　　・サーボアンプの速度制御範囲 1:5000

② 送り周波数
$$f_p = \frac{V_e}{A} = \frac{15000}{60 \times 0.001} = 250 \text{ [kHz]}$$

(b) 仕様

図Ⅰ

■ **4** 以下に示した部品の慣性モーメントを求めよ．
(1) モジュール $m = 3$，歯数 $z = 30$，歯幅 $B = 10$ m の歯車の慣性モーメントを求めよ．ただし，密度 $\rho = 8 \times 10^{-9}$ kg/m^3 とする．
(2) 有効径 $d = 30$，長さ $l = 500$，ピッチ $p = 2$ の送りねじの慣性モーメントを

求めよ．

■ **5** 図 II に示したような電動車両を設計する際，駆動用モータに必要とされるトルクおよび出力を求めよ．ただし，車両は図中に示したような，加速，定速，減速を繰り返すよう制御されるものとする．各部には，抵抗がないものとする．

- W ：車両の重量
- J_1 ：前車輪と前車軸を合わせた慣性モーメント
- J_2 ：後車輪と後車軸を合わせた慣性モーメント
- J_M ：モータのロータの慣性モーメント
- r_m, r_r ：プーリーの有効径
- ω ：モータの回転角速度
- V ：車両の移動速度
- R_F, R_R ：前後輪の半径
- t ：時間

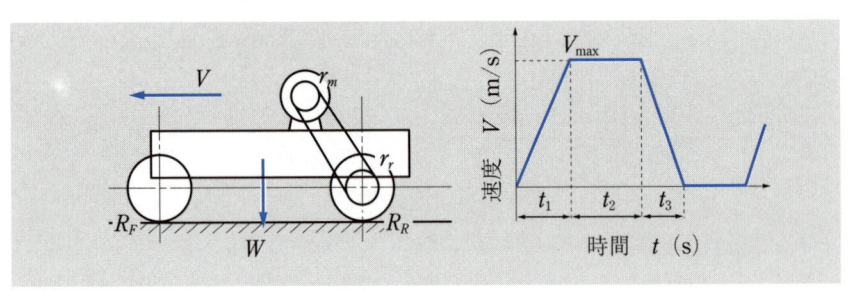

図 II

第6章
機械部品の設計

- 6.1 ねじ継ぎ手
- 6.2 動力伝達機構
- 6.3 ばね
- 6.4 圧力容器

本章では…

　機械部品（機械要素）の設計法は，種々の教科書に記載されており，その内容も画一的なものである．これは，機構上の特徴に留意した設計法で，幾何学的寸法の相互間の関係について論及したものである．この設計手法は，1900年代初頭にルーローが確立したといわれる方法を踏襲しているため，その脱却が難しかったといっても過言でない．
　しかし，製品の使用環境，顧客の要望が複雑化するにつれ，製品に持たせる機能が複雑化しつつある．これに適切に対処するには，機械部品に対しても，機構上の観点からだけでなく機能上の観点から，改めて見直す必要に迫られている．すなわち，同じ部品に対しても，機構上からの捉え方と，機能上の捉え方とでは異なるので，従前の教科書等には記載されていない内容を加味する必要がある．
　本章では，機械要素部品の中でも最も基本的な，ねじ継ぎ手，動力伝達機構，ばね，圧力容器について，従来とは異なった観点から記載した．

6.1 ねじ継ぎ手

ねじ継ぎ手は，
① 2つ以上の物体をしっかりと締め付ける機能
② ばね特性を持ち，被締め付け物とねじ継ぎ手とで外力を分担して担う機能
③ 締結強度を担う機能

を持つ．
以下にこれらの機能を達成させるための方法について述べる．

6.1.1 締め付け機能

まず，ボルトとナットがはめあわされ，P_b なる軸力を発生している継ぎ手のねじ山に作用している力を検討し，次いでナットを U_f なる接線力をもって回す場合を考える．

図 6.1 は，
① ねじ山を半径方向から中心に向かって見た場合の，ねじ山に作用している力の状態
② ボルト軸に沿って見た場合の力の状態と，ねじ山に対して直角方向から見た場合の力の状態

を示したものである．

これより，ねじ面のリード方向（角度 β の斜面方向）の摩擦力は，P_b の面直角分力および U_f の面直角分力に摩擦係数をかけ合わせたものとなる．このことより

$$\mu_s \left(P_b \frac{\cos \beta}{\cos \alpha'} + U_f \frac{\sin \beta}{\cos \alpha'} \right) \tag{6.1}$$

α：軸断面（A～A 断面）におけるねじ山の半角

α'：ねじ山直角断面（B～B 断面）におけるねじ山の半角

（$\tan \alpha' = \tan \alpha \cos \beta$ の関係がある）

また，リード方向の分力は，

$$U_f \cos \beta - P_b \sin \beta \tag{6.2}$$

6.1 ねじ継ぎ手

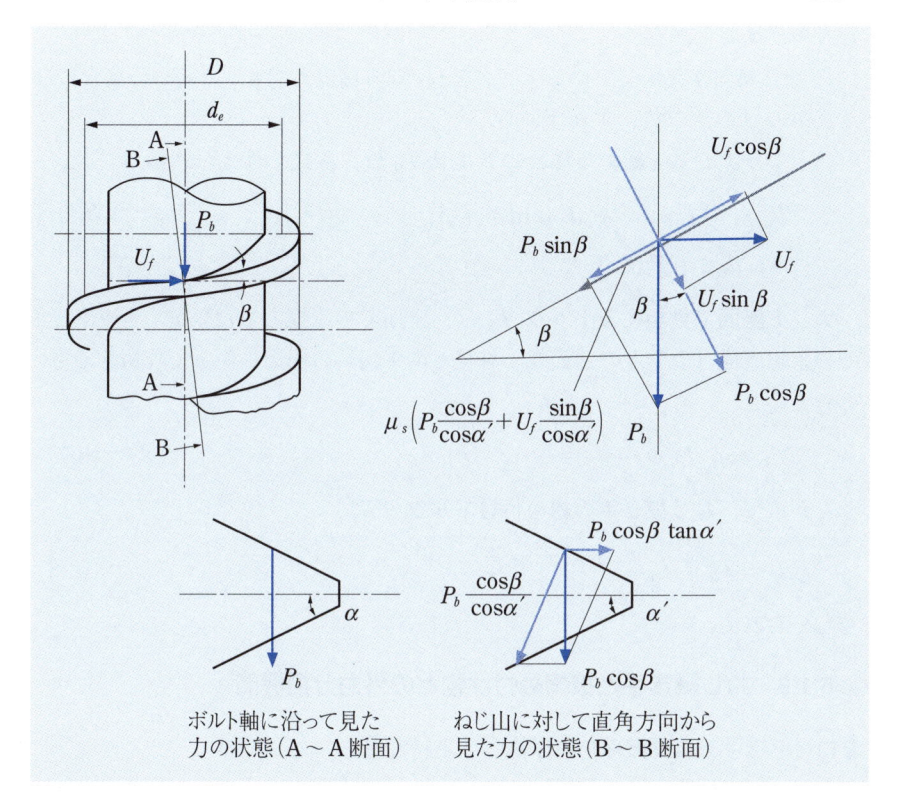

図6.1 ねじ山に働く力

ボルト軸に沿って見た力の状態（A～A断面）

ねじ山に対して直角方向から見た力の状態（B～B断面）

(6.1), (6.2) 式を等置すると

$$U_f = P_b \frac{\dfrac{\mu_s}{\cos \alpha'} + \tan \beta}{1 - \dfrac{\mu_s}{\cos \alpha'} \tan \beta} \tag{6.3}$$

が得られる．ここで，

$$\tan \rho' = \frac{\mu_s}{\cos \alpha'} \tag{6.4}$$

とおいて整理すると，式 (6.3) は

$$U_f = P_b \tan(\rho' + \beta) \tag{6.5}$$

とも書き改められる．

P_b なる軸力が作用しているナットを U_f なる接線力でもって緩める場合には，上式中の β の値を負にすればよい．

以上よりナットを締める場合のトルク T_n は，次式で与えられる．

$$T_n = \frac{d_e}{2} U_f = \frac{1}{2} P_b d_e \tan(\rho' + \beta) \tag{6.6}$$

d_e：有効径

ナット座面で負担するトルク T_f は，座面での摩擦力 $\mu_f P_b$ が，ナット座面での平均直径（ナットの2面幅と谷径との平均）の円周に沿って作用するものと考えると，

$$T_f = \mu_f P_b \frac{B + d_e}{4} \tag{6.7}$$

したがって，ねじ継ぎ手の締め付けトルク T は，

$$T = T_n + T_f \tag{6.8}$$

で与えられる．

6.1.2　ねじ継ぎ手と被締め付け物との外力分担機能

■ねじ継ぎ手および被締め付け物のバネ特性■

(1)　ねじ継ぎ手のバネ定数 K_b

図 6.2 に示したようにボルトとナットとをはめあわせた場合について，引張り荷重と伸びの関係を材料力学的手法により求め，ばね定数を導くと，

$$K_b = \cfrac{1}{\cfrac{1}{E_b}\left(\cfrac{l_1}{A_d} + \cfrac{l_2}{A_k}\right)} \tag{6.9}$$

E_b：ボルト材料の縦弾性係数

A_d：ねじの切られていない部分の断面積

A_k：ねじ部の有効断面積

l_1：ねじの切られていない部分の長さ

l_2：締め付け長さの中でねじの切られている部分の長さにナットの高さの 1/2 を加えた長さ

6.1 ねじ継ぎ手

(2) 被締め付け物のバネ定数 K_c

被締め付け物は，図 6.3 に示したような平行板である場合が多い．このような場合は，締め付け力の及ぶ範囲が，頂円の直径 S（ボルトの頭の直径（六角ボルトの場合は 2 面幅），ナット座面の直径に等しい），半頂角 γ なる載頭円錐の内部であると考える．この部分のばね定数を求めるのは難しいので，載頭円錐と等価と見なせる円筒を考える．その円筒は，図中に示したように円錐の平均直径 D_m とボルト穴の直径 D で形成される．

$$K_c = \frac{\pi}{4}\left[D_m{}^2 - D^2\right]\frac{E_c}{l_k} \tag{6.10}$$

$$= \frac{\pi}{4}\left[\left(S + \frac{l_k}{10}\right)^2 - D^2\right]\frac{E_c}{l_k}$$

E_c：被締め付け物の縦弾性係数

l_k：締め付け長さ

$$D_m = S + \frac{l_k}{2}\tan\gamma$$

（上式はフリッチェによる．$\tan\gamma = 0.2$ に該当）

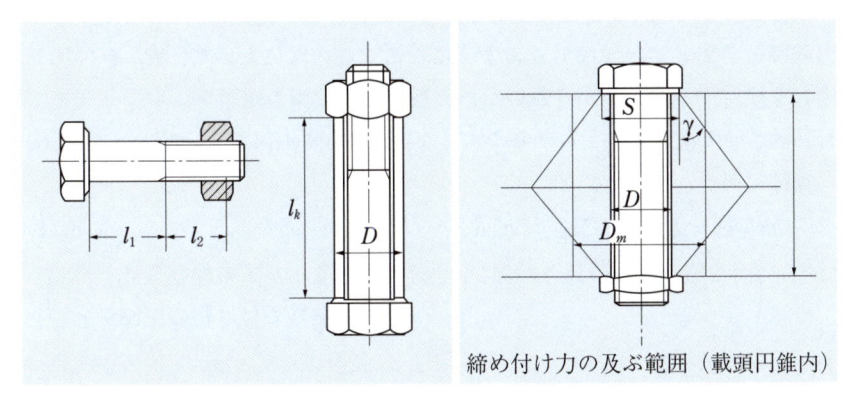

図 6.2 ねじ継ぎ手のばね定数の求め方（被締め付け物が細円筒の場合）　　**図 6.3** ねじ継ぎ手のばね定数の求め方（平板を締め付ける場合）

■ねじ継ぎ手と被締め付け物との外力の分担■

(1) 外力の作用位置が表面上にある一般的な場合

図 6.4 (a) のように締結されたねじ締結体（P_0：初期締め付け力）に，さらに外力 P_B が作用したとき，ボルト軸部に P_{bW} なる引張り内力が追加され，被締め付け物から P_{cW} なる圧縮力が失われ，締め付け長さは δ だけ伸びるものとする．

この場合の現象を図 6.4 (b) で示したような締め付け力線図を用いると便利である．縦軸に締め付け力を，横軸に締め付け長さをとればよい．

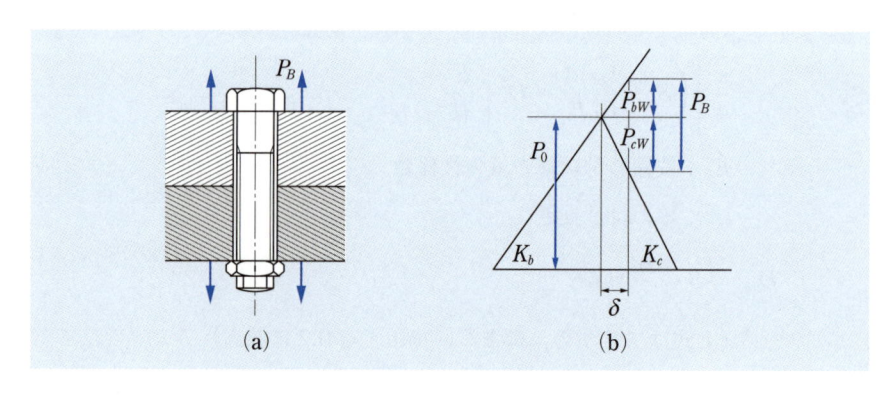

図 6.4 ねじ継ぎ手と被締め付け物との外力の分担

本来，ボルト側の変位は正であり，被締め付け側の変位は負であるため，1 つの線図として表すと，図 6.5 のようになる．この図において，P_B を付加した場合を検討すると，わかり難いため，被締め付け側の線図を，ボルト側まで平行移動させて検討するとわかりやすくなる．図 6.4 (b) は，このようにして描いた線図である．すると，

$$P_{bW} = K_b \delta, \quad P_{cW} = K_c \delta \tag{6.11}$$

$$\begin{pmatrix} \delta：締め付けの長さの伸び = 付加されるボルトの伸び量 \delta_B \\ = 失われる被締め付け物の圧縮量 \delta_c \end{pmatrix}$$

力の釣り合いから，

$$P_B = (P_0 + P_{bW}) - (P_0 - P_{cW})$$
$$= P_{bW} + P_{cW} = (K_b + K_c)\delta \tag{6.12}$$

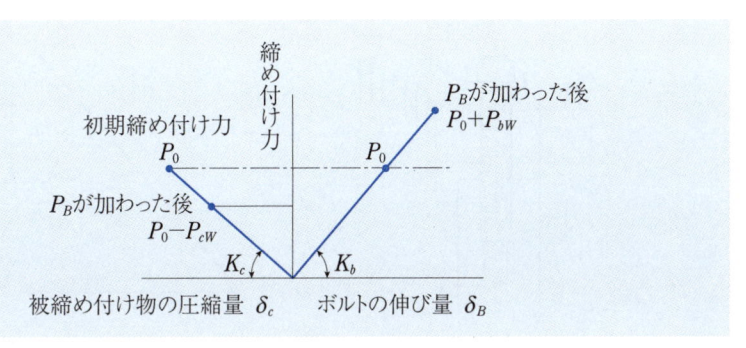

図 6.5

これより，

$$\delta = \frac{P_B}{K_b + K_c} \tag{6.13}$$

したがって，

$$P_{bW} = \frac{K_b}{K_b + K_c} P_B, \quad P_{cW} = \frac{K_c}{K_b + K_c} P_B \tag{6.14}$$

例題 6.1 被締め付け物を通しボルトおよびナットで締め付けた場合，ナットが被締め付け物の表面に接触してから，さらに κ 回転だけ，ナットの増し締めを行ったとする．その場合の，ボルトおよび被締め付け物に生じる力 $P_b (= P_n)$ を求めよ．

解答 $\delta_b + \delta_c = \kappa t_p$ (ただし t_p：ピッチ)，$K_b \delta_b = K_c \delta_c = P_b$ (6.15)

これより

$$P_b = \frac{K_b K_c}{K_b + K_c} \kappa t_p \tag{6.16}$$

(2) フランジ等の場合

上記については，付加する外力の位置が被締め付け物の表面に存在するという，標準的な場合である．上記と異なる形態の締結においても，ボルトに追加される内力と外力の関係を何らかの形で把握できればよい．そこでまず，標準

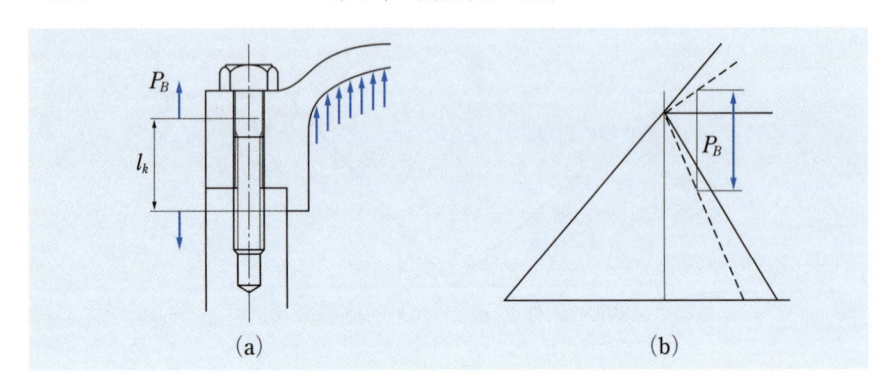

図 6.6　圧力容器のフランジの締め付け

的な場合を基に，ボルトに追加される引張り内力 P_{bW} と被締め付け物に作用する外力 P_B との比 ϕ（式 (6.14) 参照）

$$\phi = \frac{K_b}{K_b + K_c} \tag{6.17}$$

をボルトの**内力係数**と呼ぶことにし，この値が，締結体ごとにどのように変化するかを見てみる．

図 6.6(a) に例示したような圧力容器のフランジの締結部では，蓋部にかかる力（内圧 × 蓋部面積）が標準的な場合のように被締め付け物外表面に作用するとは見なしにくい．あたかも，被締め付け物の受ける圧縮領域が短くなったように見なされる．この比率を n とする．**Junker** によれば，図の場合は，$n=3/4$ であるとしている．

さて，上記のように被締め付け物の圧縮領域が短くなった場合の締め付け力線図は，図の破線で示される．これは，ちょうど標準の場合に比べボルトが柔らかく，被締め付け物が剛くなったと見なされ，このときの内力係数を ϕ_f とすると，

$$\phi_f = n\phi \tag{6.18}$$

とおいてもよい．

n は，締結構造形式によって異なり，表 6.1 に示したような値が提案されている．表中の図のハッチング部分が，実際的な締結構造に対して，外力が加わるものと見なし得る領域である．

表 6.1 n の値

外力の作用位置の違い	I	II	III	IV	V
圧縮力の失われる領域の長さと締め付け長さとの比：n	1	$\frac{3}{4}$	$\frac{1}{2}$	$\frac{1}{4}$	0
通しボルト					
6角穴付ボルト					
締め付け力線図					

6.1.3　ねじ継ぎ手および被締め付け物に生じる力

■締め付け力の及ぶ範囲■

（1）　細円筒を締め付けた場合

図 6.2 に示したように，外径 D がボルト頭，またはナットの2面幅 B 程度である場合は，中空円筒部全体に締め付け荷重の影響が及ぶ．

（2）　平板の場合

図 6.3 で示したように，平板内に2面幅に相当する直径 S なる頂面を持ち，かつ半頂角 γ の戴頭円錐を考える．締め付け力は，この戴頭円錐内（**F. Rotcher** の影響円錐）に及ぶ．

■ボルト，ナットのねじ山の負担する荷重■

(1) 標準的なねじ継ぎ手

よく設計されたねじ継ぎ手では，ナット座面に近いボルト側の第1ねじ谷底で破壊が起こる．このねじ底には，ねじ山に加わる荷重 p による曲げ応力と，ボルトの軸方向引張り荷重による応力とが重畳して作用するためである．そのため，ねじ山に加わる荷重状態を知ることが重要である．

図 6.7 のように，$z = z$ の位置に水平断面 ABCDEF を考え，ここに厚さ dz のナットおよびボルトの薄片を考える．この部分に断面力 P_b が作用したとき，面 ABCDEF は A′B′C′D′E′F′ のように変形するものとする．

この場合

$\xi_n(z)$：ナット平均直径（2面幅と内径の平均）軸上における z 方向の変位

$\xi_b(z)$：ボルト中心軸上における z 方向の変位

との差

$$\delta(z) = \xi_b(z) - \xi_n(z) \tag{6.19}$$

をボルト，ナットの相対変位と呼ぶことにする．ここで，$\delta(z)$ は薄片 dz のうちに含まれるねじ山の弾性変位によって，主として生じる．

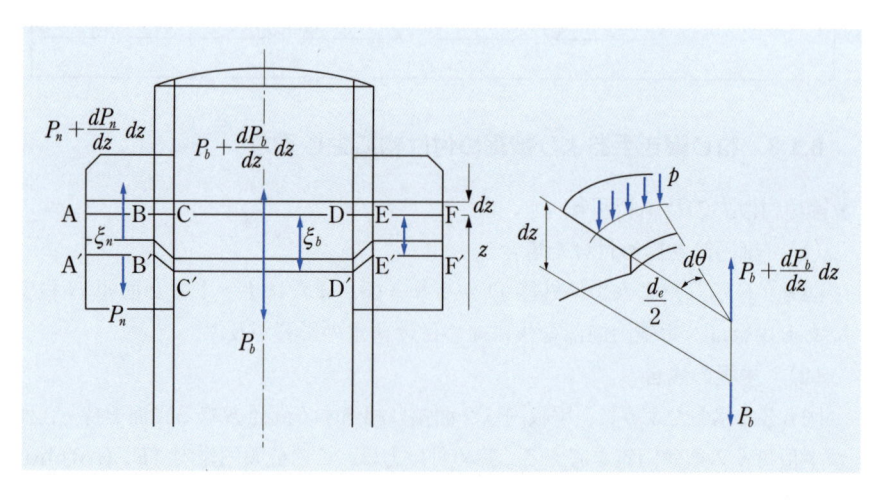

図 6.7　ねじ継ぎ手のねじ山にかかる力

6.1 ねじ継ぎ手

$$P_b + \frac{dP_b}{dz}dz - P_b = \frac{dz}{t_p}\int_0^{2\pi} p\frac{d_e}{2}d\theta$$

$$\therefore \quad p = \frac{t_p}{\pi d_e}\frac{dP_b}{dz} \tag{6.20}$$

このねじ山にかかる荷重 p によって,ボルトはナットに対し,$\delta(z)$ だけ相対的に変位する.ここで,$\delta(z)$ は次の形にも書ける.

$$\delta(z) = \left(\frac{C_b}{E_b} + \frac{C_n}{E_n}\right)p \tag{6.21}$$

C_b, C_n:ボルトおよびナットのねじ山のたわみ係数

E_b, E_n:ボルト材およびナット材の縦弾性係数

参考値 $\begin{pmatrix} \text{M12} \times 1 & : C_b = 4.2, & C_n = 6.3 \\ \text{M12} \times 1.5 & : C_b = 3.7, & C_n = 5.1 \\ \text{M24} \times 1.5 & : C_b = 4.7, & C_n = 7.6 \\ \text{M24} \times 3 & : C_b = 3.7, & C_n = 5.1 \end{pmatrix}$

一方,ボルトをボルトの谷径を外径とする中実円筒に,ナットをナットの2面幅を外径とし,ナットの谷径を内径とする中空円筒に置き換えたとき,

$$\begin{aligned}\varepsilon_b &= \frac{d\xi_b}{dz} = \frac{P_b}{E_b A_b}, \\ \varepsilon_n &= \frac{d\xi_n}{dz} = \frac{P_n}{E_n A_n}\end{aligned} \tag{6.22}$$

$z \sim z$ 断面にて,力の釣り合いが成り立つためには,

$$P_b + P_n = 0 \tag{6.23}$$

式 (6.19),(6.21) を等置した後,両辺を微分し,式 (6.20) に代入すると

$$\xi_b - \xi_n = \left(\frac{C_b}{E_b} + \frac{C_n}{E_n}\right)p \tag{6.24}$$

$$\therefore \quad \left(\frac{1}{E_b A_b} + \frac{1}{E_n A_n}\right)P_b = \left(\frac{C_b}{E_b} + \frac{C_n}{E_n}\right)\frac{dp}{dz} \tag{6.25}$$

$$\therefore \quad \frac{d^2 P_b}{dz^2} = \frac{\pi d_e}{t_p} \left(\frac{\dfrac{1}{E_b A_b}}{\dfrac{C_b}{E_b}} + \frac{\dfrac{1}{E_n A_n}}{\dfrac{C_n}{E_n}} \right) P_b \tag{6.26}$$

$$\therefore \quad P_b = C_1 \cosh \lambda x + C_2 \sinh \lambda x \tag{6.27}$$

$$\lambda = \frac{\pi d_e}{t_p} \frac{\dfrac{1}{E_b A_b} + \dfrac{1}{E_n A_n}}{\dfrac{C_b}{E_b} + \dfrac{C_n}{E_n}} \tag{6.28}$$

この式の係数 C_1, C_2 は，以下に示したねじ継ぎ手の境界条件を加味して解けばよい．

$$P_b \big|_{x=0} = P_0, \quad P_b \big|_{x=l} = 0 \tag{6.29}$$

最終的に

$$P_b = \frac{\sinh \lambda (l-z)}{\sinh \lambda l} P_0 \tag{6.30}$$

$$p = \frac{t_p}{\pi d_e} \frac{\lambda \cosh \lambda (l-z)}{\sinh \lambda l} P_0 \tag{6.31}$$

が得られる．

上記を図示すると図 6.8 のようになる．これより，ねじ山の負担する荷重 p

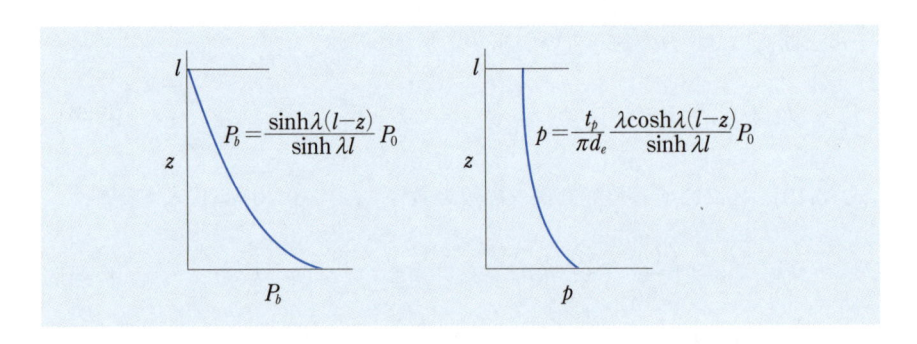

図 6.8　ねじ山に作用する力の分布

は，ナット座面に最も近い第1ねじ山で最大となることがわかる．また，軸方向力 P_b は，座面から頂部に向かって指数的に減少する．

これより，ナット座面部に最も近いボルト側のねじ谷底には，ねじ山に加わる p による曲げ応力と軸力 P_b による引張り応力とが重なって大きな応力が発生することになる．したがって，静的な破壊や疲れ破壊は，この箇所で生じることになる．

(2) ターンバックル式の継ぎ手

式の扱いは上記と同じであるが，$z \sim z$ 断面における力の釣り合い式が

$$P_b + P_n = P_0$$

となるため，

$$\frac{d^2 P_b}{dz^2} = \frac{\frac{1}{E_b A_b} + \frac{1}{E_n A_n}}{\frac{t_p}{\pi d_e}\left(\frac{C_b}{E_b} + \frac{C_n}{E_n}\right)} P_b - \frac{\frac{1}{E_n A_n}}{\frac{t_p}{\pi d_e}\left(\frac{C_b}{E_b} + \frac{C_n}{E_n}\right)} P_0 \quad (6.32)$$

これを，境界条件

$$P_b \big|_{x=0} = P_0, \quad P_b \big|_{x=l} = 0$$

のもとで，解くと

$$P_b = \frac{(P_0 - \alpha)\sinh \lambda(l - x) + \alpha(\sinh \lambda l - \sinh \lambda x)}{\sinh \lambda l} \quad (6.33)$$

ただし，

$$\alpha = \frac{P_0}{E_n A_n} \frac{1}{\frac{t_p}{\pi d_e}\left(\frac{C_b}{E_b} + \frac{C_n}{E_n}\right)}$$

6.2 動力伝達機構

6.2.1 動力伝達機能を達成する幾何学的形状

一般に，動力伝達の機能は，

① 流体潤滑された表面での摩擦力による場合
② 2物体間に介在物を挟み込んだときに生じる面圧による場合
③ 2物体間の転がり接触による場合

によって達成される．①は摩擦車が，②はクラッチのような機構が，③は歯車が代表例として挙げられる．

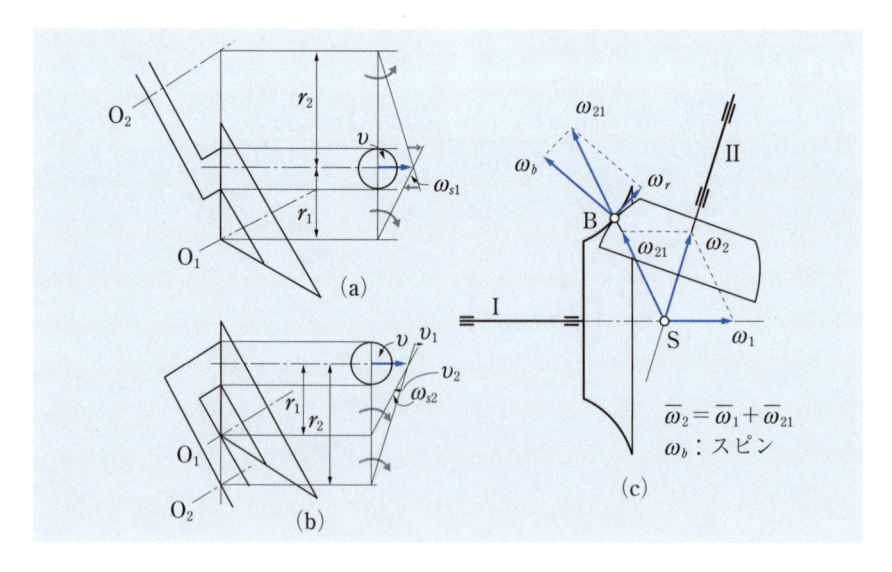

■摩擦力による動力伝達■

摩擦力による動力伝達では，法線力 Q，接線力 F および動力伝達係数 μ による F, Q の相互関係が基本となる．

滑り状態（軸受が代表的）では，$F > \mu Q$ となり，その差が大きいほど，良好な滑り機能が達成される．動力伝達（摩擦車が代表的）の場合には，$F < \mu Q$ とする必要がある．$F < \mu Q$ とした場合，接触面には，転がりとスピンとが共

図 6.9 摩擦力による動力伝達

存することとなる．

図 6.9 (a) に示したように，転がりは回転軸に対するものであるが，スピンは，円錐上の接触面幅と両物体の回転軸 O_1 と O_2 との周速度差 v（回転角速度 ω_{s1}, ω_{s2} の差による）によって生じるもので，摩擦式動力伝達には必ず付随する特性である．図にて，原動側の回転半径を r_1，従動側の回転半径を r_2，接触面の周速度を v とすると，

① 回転軸に対して円錐頂点が対向している場合は，接触面における角速度の和 ω_{s1} がスピンとなる．
② 回転軸に対して円錐頂点が同方向にある場合は，接触面における角速度の差 ω_{s2} がスピンとなる．

そこで，各場合のスピンを比較してみると，

$$\omega_{s1} > \omega_{s2}$$

の関係がある．これより，高い伝達係数 μ を得るためには，図 6.9 (b), (c) のように円錐頂点は同方向にあるように設計する必要がある．

■2 物体間に介在物を挟み込んだときに生じる面圧による動力伝達■

図 6.10 のように，内輪と外輪との間に転動体が挟まれた状態での幾何学的関係を求めてみる．

$$\delta = \frac{R_0 \alpha}{r} + \alpha = \frac{R_0 + r}{r}\alpha \quad (6.34)$$

r：内輪の中心から外輪の接触点までの距離

R_0：内輪の半径

ここで，曲率に関する数学的表現より，

$$\tan\delta = \frac{1}{r}\frac{dr}{d\varphi} \quad (6.35)$$

δ が微小であるとすれば，

$$\delta = \frac{1}{r}\frac{dr}{d\varphi} \quad (6.36)$$

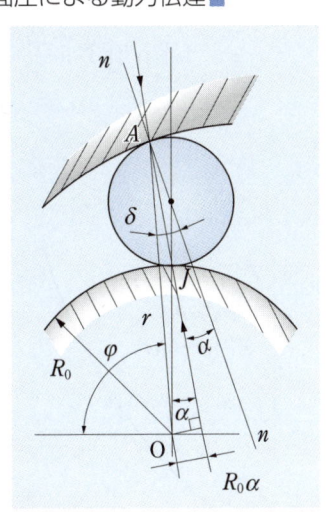

図 6.10 介在物を利用しての動力伝達

式 (6.34), (6.36) より

$$\frac{dr}{R_0 + r} = \alpha d\varphi \tag{6.37}$$

よって,

$$r = e^{\alpha\varphi} - R_0 \tag{6.38}$$

一方, 図 6.11 に示した曲率 ρ に関する関係を参考にして

$$\rho = \frac{\left\{r^2 + \left(\dfrac{dr}{d\varphi}\right)^2\right\}^{3/2}}{r^2 + 2\left(\dfrac{dr}{d\varphi}\right)^2 - r\dfrac{d^2r}{d\varphi^2}} \tag{6.39}$$

以上より, $dr/d\varphi = d(r+R_0)$, $r(d^2r/d^2\varphi) = r\alpha^2(r+R_0)$ だから,

$$\rho = r \frac{\left\{1 + \alpha^2\left(1 + \dfrac{R_0}{r}\right)^2\right\}^{3/2}}{1 + \alpha^2\left(1 + \dfrac{R_0}{r}\right)\left(1 + 2\dfrac{R_0}{r}\right)} \tag{6.40}$$

図 6.11 曲率 ρ に関する数学的表示

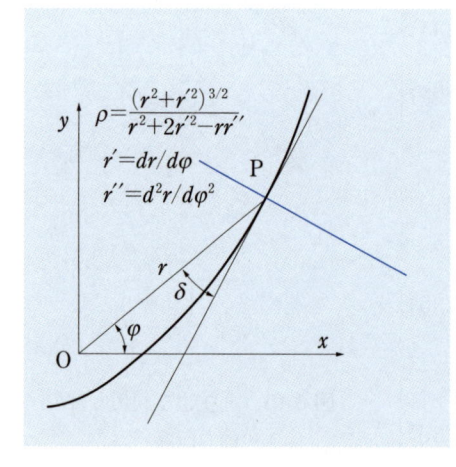

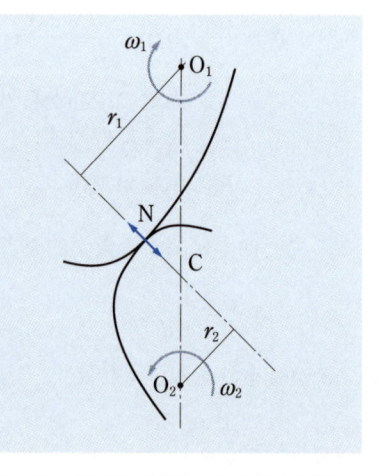

図 6.12 転がり接触にする動力伝達

6.2 動力伝達機構

■転がり接触による動力伝達■

図 6.12 に示したように回転する 2 物体間で動力が伝達される場合，その表面で接触を保つためには，点 N における法線方向の速度成分が等しくなければならない．点 O_1, O_2 から引いた足の長さを r_1, r_2 とすれば

$$r_1 \omega_1 = r_2 \omega_2 \tag{6.41}$$

したがって，

$$\frac{\omega_1}{\omega_2} = \frac{r_2}{r_1} = \frac{O_2 C}{O_1 C}$$

となり，接触点における法線は常に，$O_1 O_2$ 上の一定点 C を通過しなければならない．このような性質を持つ曲線の代表例はインボリュート曲線である．

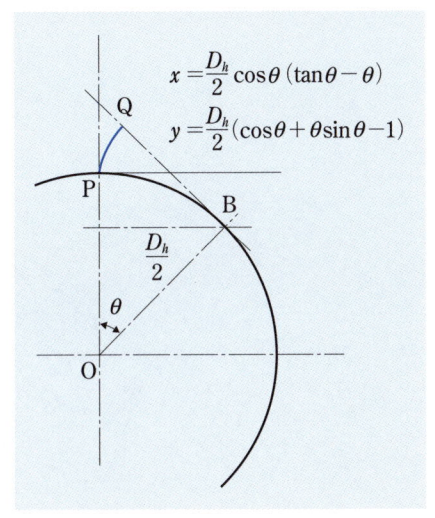

図 6.13　インボリュート曲線

インボリュート曲線は，図 6.13 に示したように，円筒に巻きつけた糸を解していく場合に糸先端が描く軌跡として知られている．

したがって，解した糸の先端部点 Q の座標 (x, y) は

$$\begin{aligned}
x &= \mathrm{OB} \sin\theta - \mathrm{QB} \cos\theta \\
&= \frac{D_h}{2} \sin\theta - \left(\frac{D_h}{2}\theta\right) \cos\theta \\
&= \frac{D_h}{2} \cos\theta (\tan\theta - \theta) \\
y &= \mathrm{OB} \cos\theta + \mathrm{QB} \sin\theta - \mathrm{PO} \\
&= \frac{D_h}{2} \cos\theta + \left(\frac{D_h}{2}\theta\right) \sin\theta - \frac{D_h}{2} \\
&= \frac{D_h}{2} (\cos\theta + \theta \sin\theta - 1)
\end{aligned} \tag{6.42}$$

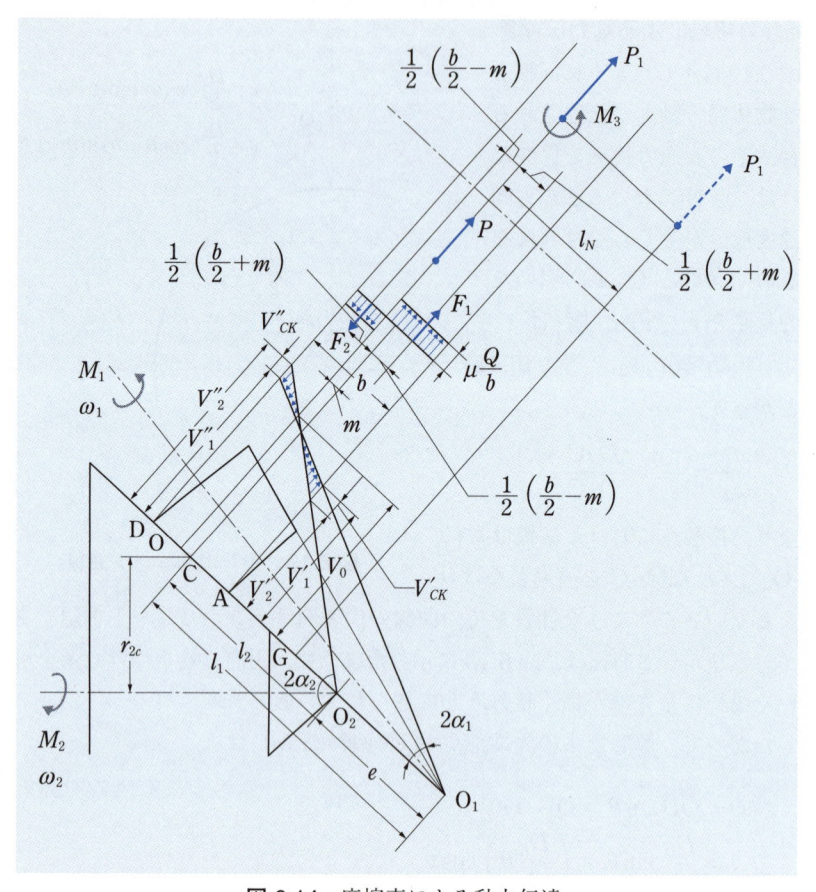

図 6.14 摩擦車による動力伝達

6.2.2 動力伝達

■摩擦車による動力伝達■

図 6.14 に示したように，2 円錐が母線上で線接触をしている場合を考える．この場合，2 円錐は軸を中心として回転しており，接触線上の全領域にわたって，周速が一致することはない．ちなみに，点 A では $V'_{CK} = V_1' - V_2'$，点 D では $V''_{CK} = V_2'' - V_1''$ の滑りを生じる．この滑りの方向が点 A，D で異なる場合には，点 A，D の中間に，滑りのない点 O（転がりとなる点）が存在する．

6.2 動力伝達機構

いま，滑り部分では摩擦力だけを考えることにする．点 O を境にした滑りの異なる各部分の摩擦力の総和 F_1, F_2 は

$$F_1 = \frac{\mu Q}{b}\left(\frac{b}{2} + m\right), \quad F_2 = \frac{\mu Q}{b}\left(\frac{b}{2} - m\right) \tag{6.43}$$

m：点 O と接触部の中点 C との距離

b ：線接触している部分の長さ

ここで，F_1, F_2 によって従動側に伝達されるモーメント M_2 を求めてみると，

$$M_2 = F_1\left\{r_{2c} - \frac{1}{2}\left(\frac{b}{2} - m\right)\sin\alpha_2\right\} - F_2\left\{r_{2c} + \frac{1}{2}\left(\frac{b}{2} + m\right)\sin\alpha_2\right\} \tag{6.44}$$

式 (6.43) を代入すると

$$M_2 = \frac{\mu Q}{b}\sin\alpha_2\left(m^2 + 2l_2 m - \frac{b^2}{4}\right) \tag{6.45}$$

一方，点 O に作用する接線力を P とすれば

$$M_2 = P(r_{2c} + m\sin\alpha_2) = P(l_2 + m)\sin\alpha_2 \tag{6.46}$$

式 (6.45), (6.46) より m を求めると，

$$\begin{aligned}
m &= \pm\left\{\sqrt{l_2{}^2 + \frac{b^2}{4} + \frac{M_2 b}{\mu Q \sin\alpha_2}} - l_2\right\} \\
&= \frac{P}{\mu Q}\frac{b}{2l_2} \pm \left\{\sqrt{1 + \frac{b^2}{4l_2{}^2}\left\{1 + \left(\frac{P_2 b}{\mu Q}\right)^2\right\}} - 1\right\}l_2
\end{aligned} \tag{6.47}$$

$b/2l_2 \leqq 1$ ならば，

$$m \cong \frac{P}{\mu Q}\frac{b}{2} \tag{6.48}$$

したがって，動力伝達係数 ν_T は

$$\nu_T = \frac{P}{Q} = \frac{m}{(b/2)}\mu \tag{6.49}$$

原動側に加わるモーメント M_1 も同様にして,

$$M_1 = \frac{\mu Q}{b} \sin \alpha_1 \left(m^2 + 2l_1 m - \frac{b^2}{4} \right) \tag{6.50}$$

と表される.また,駆動側と従動側の回転速度 ω_1, ω_2 に関しては,ころがり点 O における速度を考慮して

$$\frac{\omega_2}{\omega_1} = \frac{r_{10}}{r_{20}} = \frac{r_{1c} + m \sin \alpha_1}{r_{2c} + m \sin \alpha_2} = \frac{(l_1 + m) \sin \alpha_1}{(l_2 + m) \sin \alpha_2} \tag{6.51}$$

r_{10}:O 点における駆動側摩擦車の半径
r_{20}:O 点における従動側摩擦車の半径

を考慮すると,伝達効率 η は,

$$\eta = \frac{M_2 \omega_2}{M_1 \omega_1} = \frac{(m^2 + 2l_2 m - b^2/4)(l_1 + m)}{(m^2 + 2l_1 m - b^2/4)(l_2 + m)} \tag{6.52}$$

■歯車による動力伝達■

(1) 歯車の歯形(インボリュート曲線)の創成

インボリュート曲線を,ラック工具と歯車素材との相対変位によって創り出し,歯面とする.これを,一般に**歯車の歯形の創成**と呼ぶ.

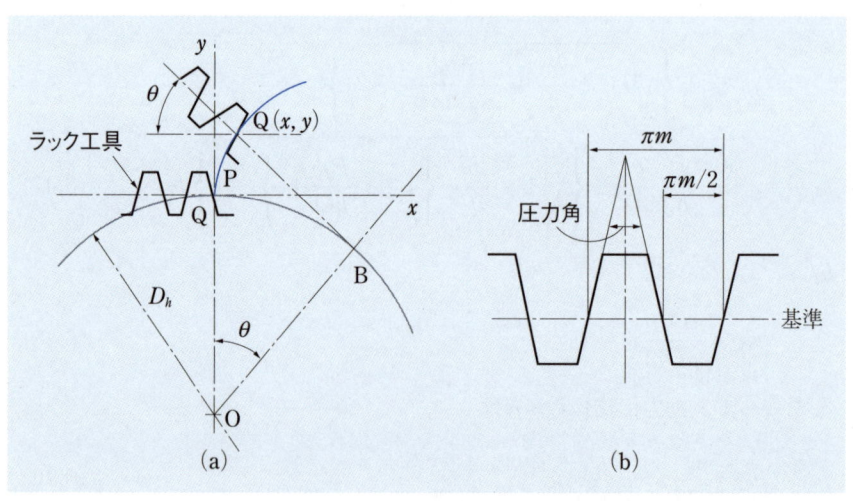

図 6.15 歯車の歯形の創成

6.2 動力伝達機構

図 6.15 のように歯車素材を静止させ，そのピッチ点 P を x, y 座標の原点として，ラック工具のピッチ点 Q がどのように運動するか，また，ラック輪郭がどのような角度 θ に傾いているかを検討する．図において，

$$D_h = zm \quad (z：歯数, m：モジュール)$$

を歯切りピッチ円とし，円上の点 P を座標原点とし，その原点を通る円の半径方向と接線方向をそれぞれ y 軸，x 軸とする．

まず，ラックの歯切りピッチ線と刃面との交点 Q が座標原点 P に一致し，ラックのピッチ線が x 軸に一致しているものとする．

次に，ラックピッチ線が歯切りピッチ円と接触しながら角度 θ だけ転がり運動をし，ラックのピッチ点が図の点 Q に来たとする．以上の操作において，直線 QB＝円弧 PB と滑りなく転がったのであるから，互いに長さは等しい．したがって，点 Q の軌跡はインボリュート曲線となる．ラックは，この点 Q で x 軸に対して角度 θ だけ傾くことになる．点 Q を移動させる都度，ラックの輪郭を描き，その描かれた輪郭の包絡線をとれば創成歯形となる．

コンピュータで処理する場合は，図 6.16 に示したように，ラック工具を座標移動させ，そこに輪郭を描いていけばよい．座標変換式は

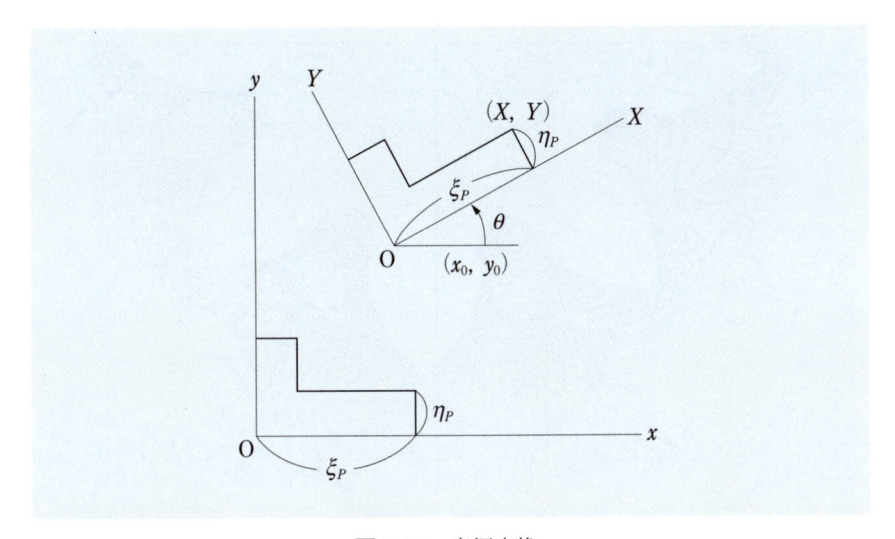

図 6.16 座標変換

$$X = \xi_P \cos\theta - \eta_P \sin\theta + x_0$$
$$Y = \xi_P \sin\theta + \eta_P \cos\theta + y_0 \qquad (6.53)$$

で与えられる．

図 6.17 はその一例を示したものである（描き方のプログラムは問題 8 の解答を参照のこと）．

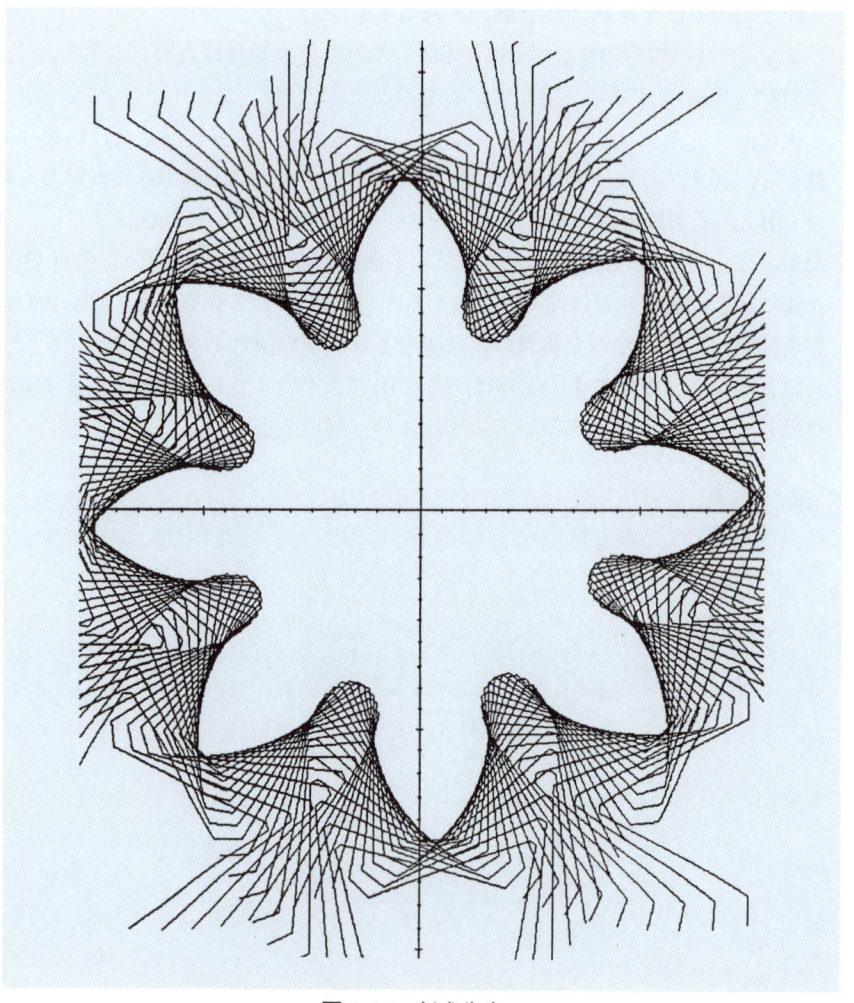

図 6.17 創成歯車

(2) 歯車の歯の強度

a) 歯車の歯の危険断面

図 6.18 のように歯面に直角に荷重 F_n が加わった場合，その成分は

$$F_u = F_n \cos\omega, \quad F_v = F_n \sin\omega$$

となる．F_u は曲げ応力とせん断応力を，F_v は圧縮応力を誘起し，歯の破壊の原因となる．また，F_n は，噛み合い点において接触応力を誘起し，ピッチング等の原因となる．

ここで，危険断面とは，図中に示した S_F を指し示し，破壊の起点となる亀裂の発生点を含み，かつ歯の中心線に垂直な断面のことである．歯の曲げ強度はこの断面について考えればよい．

その位置を求める簡略的な方法としていくつか提案されている．

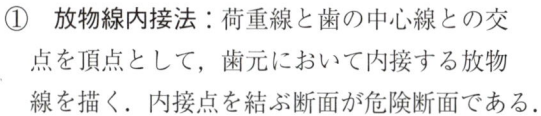

① **放物線内接法**：荷重線と歯の中心線との交点を頂点として，歯元において内接する放物線を描く．内接点を結ぶ断面が危険断面である．

② **30 度接線法**：歯の中心線と 30 度をなす 2 直線を描く．この直線と歯元において接する点同士を結ぶ断面が危険断面である．

図 6.18 歯の危険断面

b) 歯車の強度計算にあたっての負荷の位置

図 6.19 は歯車の噛み合いを示したものである．B_1 は，歯車 1 の歯先（○印の位置）が噛み合いから外れるときで，歯車 2 の噛み合っている歯への負荷が急増する時点である．B_2 は，歯車 2 の歯先が噛み合い（○印の位置）に入るときで，歯車 1 への負荷が急減する時点である．この，B_1B_2 作用面上における荷重（歯幅 1 mm 当たりに作用する円周力）を示すと図 6.20 のようになる．K_2, K_1 は，1 つの歯における噛み合い始め，噛み合い終わりを意味する．その途上に，上述の，B_1, B_2 が存在し，その間で，荷重は最大値を示す．ピッチ点 C も，その間に存在するので，強度計算にあたっては，荷重線がピッチ点 C を通過するような位置に負荷するものとして計算すればよい．

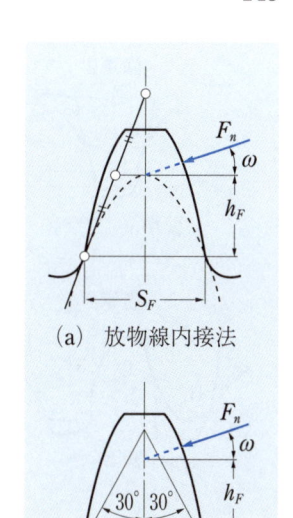

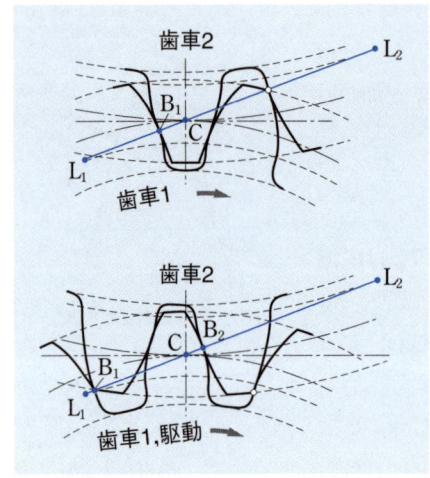

図 6.19 歯の噛み合い **図 6.20** 歯に加わる力の変化

c) 歯車の歯の危険断面における応力

歯を片持ち梁と見なす．その際，放物線梁が等強度であることから，図 6.18 に示したように放物線内接法で採用した形状をとる．

図において，危険断面における曲げ応力 σ_b は，

$$\sigma_b = \frac{6F_u h_F}{b S_F^2} \tag{6.54}$$

$$F_u = F_n \cos\omega = F\frac{\cos\omega}{\cos\alpha}$$

$$\omega = \tan\alpha_k - \left(\frac{\pi}{2z} + \text{inv}\alpha\right)$$

S_F：放物線内接法により図的に得られる値
b　：歯幅
z　：歯数
α　：ピッチ円上の圧力角
α_k：歯先における圧力角
F　：ピッチ円周方向の許容接線荷重（$F = F_n \cos\alpha$）

で与えられる．

参考　inv はインボリュート関数を表し，$\text{inv}\,\alpha = \tan\alpha - \alpha$ で定義される．

6.2 動力伝達機構

> **例題 6.2** スプラインの強度設計について述べよ．

解答 歯車と同様な形状をしたものに，スプラインがある．スプラインの伝達トルクは，

① 軸の小径を外形とする丸軸または中空軸のねじり強さから求める
② ピッチ円上での歯のせん断強さから求める
③ 歯面の面圧から求める

等の方法が考えられる．

スプラインは歯数が多いことから，せん断強さに対しては十分な強度を有すると見なした場合には，③に従う．その際，どの歯も本来，一律な接触力 P（$=hlp$（接触面積：hl，接触圧：p））を受け持っていると考えられるが，接触部は面と面との接触であるため，一部でしか接触していない可能性がある．

そこで，歯面の接触効率を α とすると，1 枚の歯の接触力による伝達トルクは

$$T_1 = \alpha P r \ (= \alpha h l p r)$$

したがって，全ての歯による伝達トルクは

$$T = z T_1 = \alpha h l p r z \tag{6.55}$$

α：1つの歯における歯面の接触効率

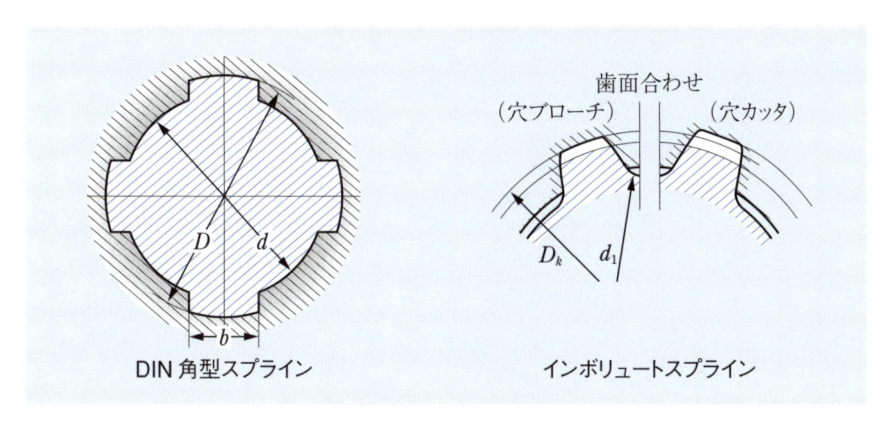

図 6.21 スプライン

h：歯の有効接触高さ

　　角型スプライン：$h = \dfrac{D - d}{2}$

　　インボリュートスプライン：$h = \dfrac{D_k - d_1}{2}$

　　$D,\ D_k$：歯先円直径

　　$d,\ d_1$：歯底円直径

l：はまり合うスプライン穴の長さ

p：歯の面圧の許容値

r：歯の平均半径

　　角型スプライン：$r = \dfrac{d + D}{4}$

　　インボリュートスプライン：$r = \dfrac{d_1 + D_k}{4}$

z：歯数

で計算できる．

　ここで，α はスプラインの表面加工精度によって決まる定数であり，

- ホブとブローチの良好な精度のもので 0.9
- 普通の場合で 0.75 程度
- フライスとスロッタによる割り出し加工では 0.3 程度

とされる．

参考 **Heywood による強度計算式**

歯車の歯やスプラインの歯のように，山形形状をした部品は多い．このような場合は，Heywood が光弾性実験から導いた式を利用するのも有効である．

図 6.22 に示したように，集中荷重 p がフランク面に対して $-\gamma$ の角度をもって作用するものとする．この場合，引張り応力の最大は，谷底の円弧上点 A に生じ，その位置は，円弧の中心 O からフランクに下した垂線 OE と $\beta=30°$ の角をなす線上の点である．

圧縮応力の最大点も同様に，点 O′ からフランクに下した垂線 O′F と $\beta=30°$ の角をなす線上の点である．AB の中点を C とし，点 C から荷重線の延長に下した垂線の長さを a とし，点 A からフランク角の 2 等分線 LM に下した垂線の長さを e とする．また点 A および G を通り，OE に平行な直線をそれぞれ，AI, GJ として，これら 2 線間の距離を b，OE=ρ とする．すると，点 A に生ずる引張り最大応力は

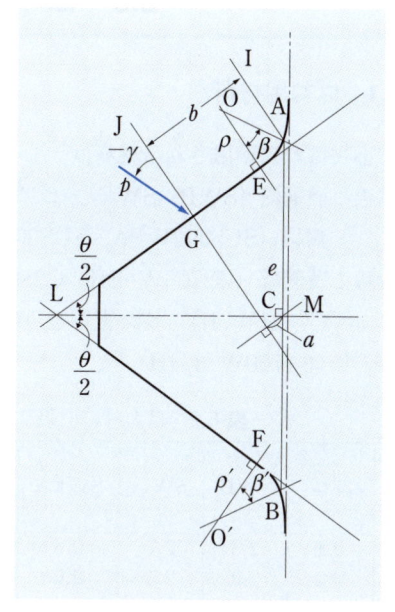

図 6.22 山形形状をした部品の応力解析

$$\frac{\sigma_A}{p} = \left\{1 + 0.26\left(\frac{e}{\rho}\right)^{0.7}\right\}\left\{\frac{1.5a}{e^2} + \sqrt{\frac{0.36}{be}\left(1 + \frac{1}{4}\sin\gamma\right)}\right\} \quad (6.56)$$

σ_A：点 A に生じる引張り応力

p：歯面に作用する歯の単位幅あたりの荷重

で与えられる．

6.3　ば　　ね

6.3.1　ばね用材料

主に小物ばねに使用される材料は，
　鋼線：硬鋼線（SWB，SWC），ピアノ線（SWPA，AWPB），ステンレス鋼線（SUS302WPA，SUS304WPA，SUS316WPA，等）
銅合金線：黄銅線（C2700W–EH，C2800W–H），洋白線（C7701W–H，C7521W–H），リン青銅線（C5191W–H），ベリリウム銅線（C1720W–3/4H）

表 6.2　ばね材の引張り強さ（単位：GPa）

線径	SWB	SWC	SWPA	SUS302–WPB SUS304–WPA	C2600W–H C2700W–H C2800W–H
0.1	2.3	2.7	2.8	1.6	
0.2	2.2	2.5	2.6	1.6	
0.32	2.0	2.3	2.4	1.6	
0.4	1.9	2.2	2.3	1.6	
0.5	1.9	2.2	2.3	1.6	
0.6	1.8	2.1	2.2	1.6	0.7
0.7	1.7	2.1	2.2	1.6	0.7
0.8	1.7	2.0	2.1	1.5	0.7
1.0	1.7	1.9	2.0	1.5	0.7
2.0	1.5	1.7	1.8	1.3	0.7

表 6.3　ばね材の弾性係数（単位：GPa）

線材の材質	横弾性係数	縦弾性係数
硬鋼線	78	206
ピアノ線	78	206
オイルテンパー線	78	206
ステンレス鋼線		
SUS302WP	69	186
SUS304WP	69	186
黄銅線	39	98
洋白線	39	108
リン青銅線	42	98
ベリリウム銅線	44	127

であり，JIS に定められている．

これらの材料の，引張り強さの下限値，弾性係数を表 6.2，表 6.3 に示した．引張り強さは線径によって異なる．弾性係数については，**圧縮コイルばね，引張りコイルばね**のようにねじり応力が働く場合には，横弾性係数 G を用いる．ねじりコイルばねのように曲げ応力が働く場合には，縦弾性係数 E を用いる．

ばねの設計式に用いる記号は，表 6.4 に示した通りである．

表 6.4 ばねの設計式に用いる記号

記号	記号の意味	単位
∇D	負荷状態におけるコイル平均径の減少	mm
N_a	有効巻き数	
E	縦弾性係数	GPa
I	断面 2 次モーメント	mm^4
Z	断面係数	mm^3
P	ばねにかかる荷重	N
P_i	初張力	N
M	ばねにかかるねじりモーメント	N·mm
a	腕の長さ	mm
c	ばね指数（$= D/d$）	
d	ばねの素線の径	mm
p	ピッチ	mm
L	ばねの有効展開長さ	mm
k	ばね定数	N·mm/rad
ϕ	ばねのねじれ角	rad
δ	ばねの変位	mm
τ	修正した応力	N/mm^2
τ_0	基本式より導かれるねじり応力	N/mm^2
R	荷重作用半径	mm
D	コイルの平均径	mm
D_1	コイル内径	mm
D_2	コイル外径	mm
D_s	案内棒の直径	mm
U	ばねに蓄えられるエネルギー	N·mm
W	ばねの運動部分の重量	
κ	応力修正係数	
κ_b	曲げの応力修正係数	
σ	曲げ応力	N/mm^2
σ_B	材料の引張り強さの下限値	N/mm^2

6.3.2 ばねの力学

図 6.23 に示したように,コイルばねの軸方向に荷重 P,軸周りにねじりモーメント M_t,コイル端部を結ぶ方向に曲げモーメント M_b が作用するとする.コイルの端より n 巻き目の線上 A において,微小線素 ds を考える.そして,線に沿って直角座標系 x, y, z を新たに設けると,

$$\begin{cases} M_x = RP\cos\alpha - M_b\cos\pi(N-2n)\cos\alpha - M_t\sin\alpha \\ M_y = -RP\sin\alpha + M_b\cos\pi(N-2n)\sin\alpha - M_t\cos\alpha \\ M_z = M_b\sin\pi(N-2n) \end{cases} \quad (6.57)$$

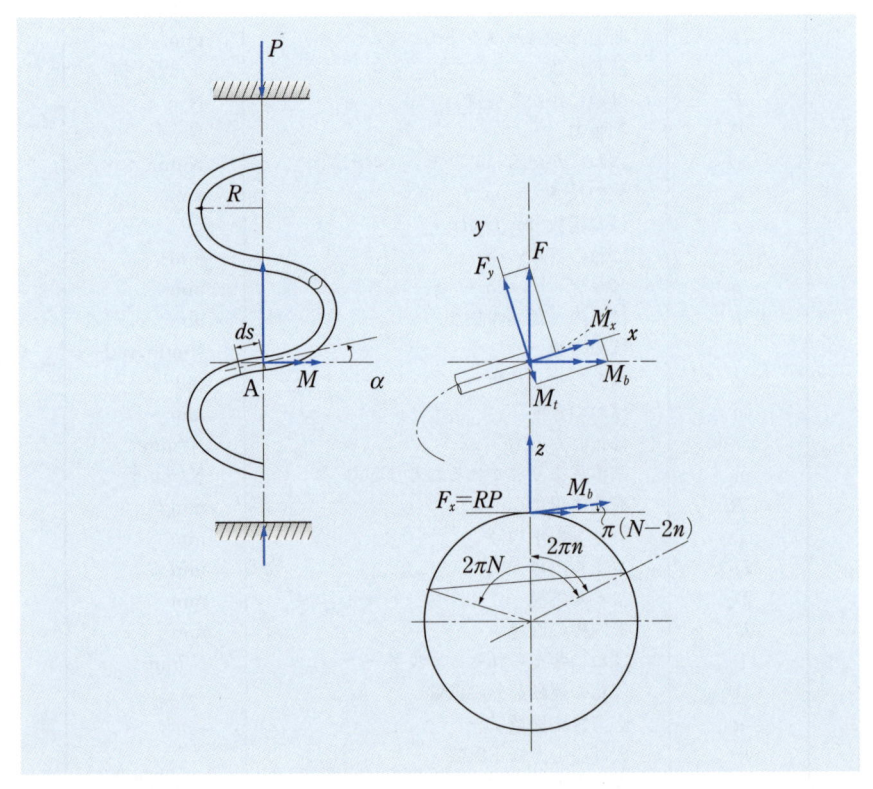

図 6.23 ばねに働く力

ds 部に蓄えられる弾性ひずみエネルギーは，

$$dU = \left(\frac{M_x{}^2}{2GI_p} + \frac{M_y{}^2}{2EI_1} + \frac{M_z{}^2}{2EI_2}\right)ds \tag{6.58}$$

$$ds = 2\pi R\,dn/\cos\alpha$$
$$l = 2\pi NR/\cos\alpha$$
$$I_p = 2I_1 = 2I_2$$

I_p：x 軸周りの断面 2 次極モーメント

I_1, I_2：y 軸および z 軸周りの断面 2 次モーメント

であるから，ばね全体では，

$$\begin{aligned}U &= \int_0^l \left(\frac{M_x{}^2}{2GI_p} + \frac{M_y{}^2}{2EI_1} + \frac{M_z{}^2}{2EI_2}\right)ds \\ &= \frac{RN}{Gd^4/64}\left[\frac{1}{2}R^2P^2 - RPM_b\frac{\sin N\pi}{N\pi}\right. \\ &\quad \left. + \frac{1}{4}M_b{}^2\left\{\left(1 + \frac{2G}{E}\right) + \frac{\sin 2N\pi}{2N\pi}\left(1 - \frac{2G}{E}\right)\right\} + \frac{G}{E}M_t{}^2\right]\end{aligned} \tag{6.59}$$

ただし，α は微小であるので，$\sin\alpha \approx 0, \cos\alpha \approx 1$ としている．

したがって，P による軸方向のたわみ δ，M_t, M_b によるねじれ角 φ，ϕ は

$$\begin{cases}\delta = \dfrac{\partial U}{\partial P} = \dfrac{64RN}{d^4G}\left(R^2P - RM_b\dfrac{\sin N\pi}{N\pi}\right) \\ \varphi = \dfrac{\partial U}{\partial M_t} = \dfrac{128RN}{d^4E}M_t \\ \phi = \dfrac{\partial U}{\partial M_b} = \dfrac{64RN}{d^4G}\left[-RP\dfrac{\sin N\pi}{N\pi} + \dfrac{1}{2}\left\{1 + \dfrac{2G}{E} + \dfrac{\sin 2N\pi}{2N\pi}\left(1 - \dfrac{2G}{E}\right)\right\}M_b\right]\end{cases} \tag{6.60}$$

6.3.3 コイルばねの設計式

■圧縮コイルばね■

(1) ばねの変位，ばね定数

図 6.22 にて，荷重 P のみが作用する場合に該当する．したがって，式 (6.60) より，変位およびばね定数は，

$$\delta = \frac{8N_a D^3 P}{Gd^4} \tag{6.61}$$

$$k = \frac{P}{\delta} = \frac{Gd^4}{8N_a D^3} \tag{6.62}$$

また，エネルギーの吸収は，

$$U = \frac{P\delta}{2} \tag{6.63}$$

で計算できる．ただし，上式は，ピッチ角が大きい場合，有効巻き数が 3 未満の場合，荷重が偏心している場合，縦横比が大きく座屈の恐れのある場合には適用できない．

式中の記号 N_a は有効巻き数で，総巻き数から座巻き数を差し引いた値．座巻き数は，端部の形状により異なる．図 6.24 にその形状を示したが，クローズドエンドの場合で 1/2，オープンエンドで 0 にとる．

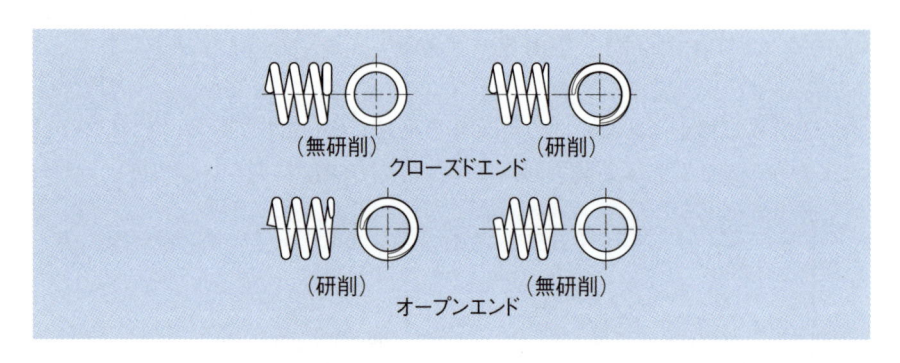

図 6.24　圧縮コイルばね

(2) ばねに生じるせん断応力

P によるねじりモーメント $M_t = RP\cos\alpha$ により素線外表面に生じるせん断応力は

$$\tau_0 = \frac{M_t}{I_p}\frac{d}{2} = \frac{RP\cos\alpha}{\frac{\pi d^4}{32}}\frac{d}{2} = \frac{8DP}{\pi d^3} \tag{6.64}$$

で与えられる．しかし，式中にはコイルのわん曲と直接せん断力の影響が含まれておらず，実際の応力を与えないので，修正を加える必要がある．

$$\tau = \kappa \tau_0 \tag{6.65}$$

κ：応力修正係数

応力修正係数（ワールによる修正係数）は，次式により計算される．計算された値を図 6.25 に示した．

$$\kappa = \frac{4c-1}{4c-4} + \frac{0.615}{c} \tag{6.66}$$

$$c = \frac{D}{d}$$

この係数は，繰返し荷重を受けるばねの場合には必ず考慮しなくてはならない．

(3) サージングに対する配慮

繰返し荷重を受けるばねについては，外力の強制振動数と固有振動数とが近い値となって，サージング現象（高振動領域で，ばね自体の固有振動が誘発され，ビビリ振動を起こすこと）を起こさないように設計する必要がある．

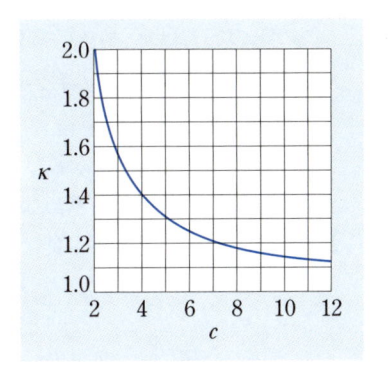

図 6.25 ワールの応力修正係数

g を重力加速度とすると，ばねの固有振動数は，

$$f = a\sqrt{\frac{k}{\frac{W}{g}}} \tag{6.67}$$

k：ばね定数

$a = i/2$ 　　　（両端固定あるいは自由の場合）

$a = (2i-1)/4$ 　（一端固定で他端自由の場合）

（i：振動モード数）

W：負荷

である．この値が，外力の強制振動数と一致しないようにする必要がある．

他にも，サージングを避けるため，不等ピッチばねを用い，ばね定数を非線形にしたり，減衰効果を得るため，座にゴムなどを採用することもある．

(4) 許容応力

① 静荷重を受ける場合

10^3 回以下の繰返ししか受けない場合は静荷重と見なし得る．

図 6.26 は許容ねじり応力を示したものである．設計応力は，この許容ねじり応力の 80% 以下にするのが望ましいとされている．

この際の応力計算は，式 (6.65) によるものとするが，静荷重の場合は，最大応力重視の立場から応力修正係数は考慮しなくてよいとされている．

② 繰返し荷重を受ける場合

JIS では，ばねに生じる応力の上限値と下限値の関係および疲れ強さに及ぼす諸因子などを考慮して適当な値を選ぶことと記されている．しかし，このままでは具体的な設計が不可能である．そこで，JIS では，参考として，ピアノ

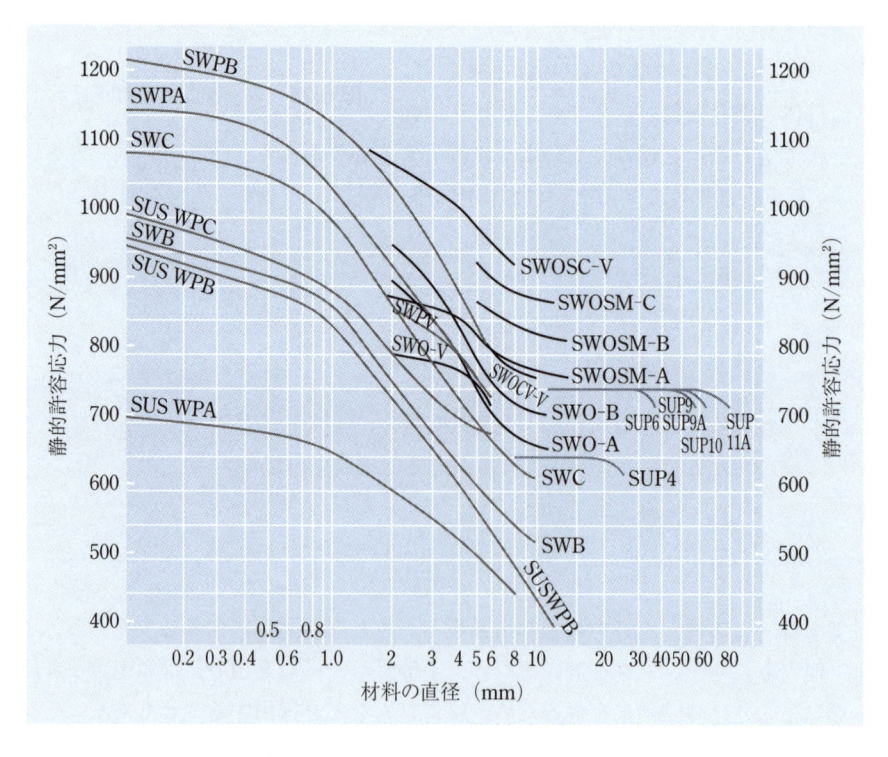

図 6.26 コイルばねの静的許容応力

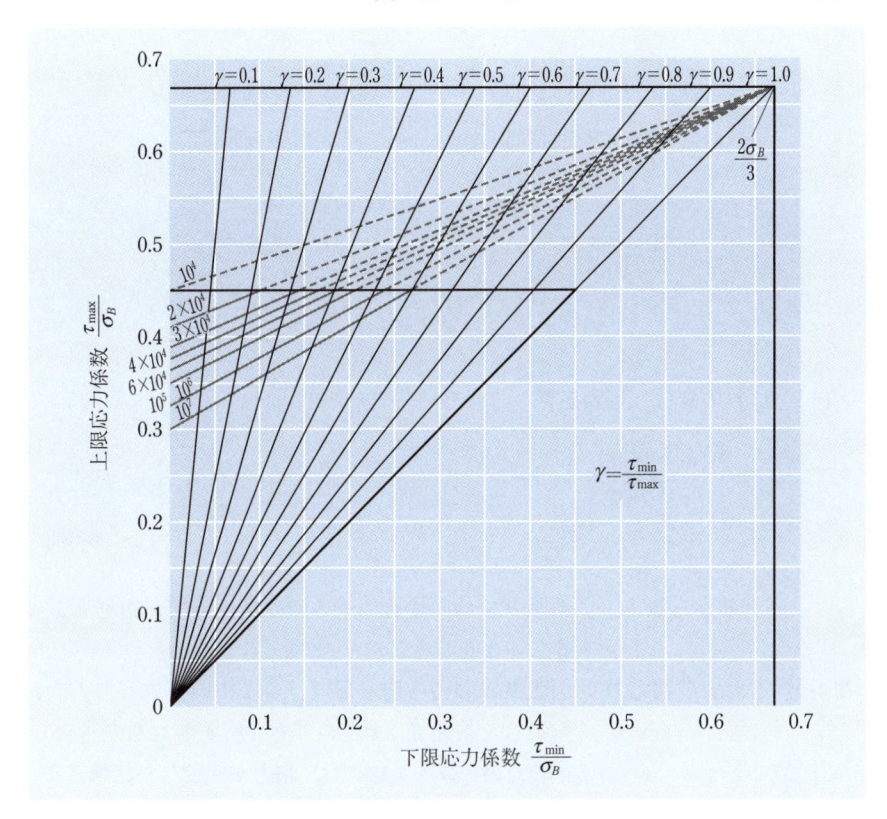

図 6.27 コイルばねの疲れ強さ線図

線，オイルテンパー線等，疲れ強さの優れている材料について，図6.27に示した疲れ強さ線図を用意している．図中γの値は$\gamma=\tau_{\min}/\tau_{\max}\ (=P_{\min}/P_{\max})$である．

■引張りコイルばね■

引張りばねは，図6.28に示したように密着巻きとした構造である．そして，密着巻き部の両端には，引張り用のフックが設けられている．このフックは半巻き分を立てて仕上げた場合と1巻き分を立てて仕上げた場合とがある．フックの立ち上がり部分は，曲率が小さくなると応力集中等の影響で，折損する恐れがある．そこで，曲率は使用上の支障がない範囲内で大きくする必要がある．

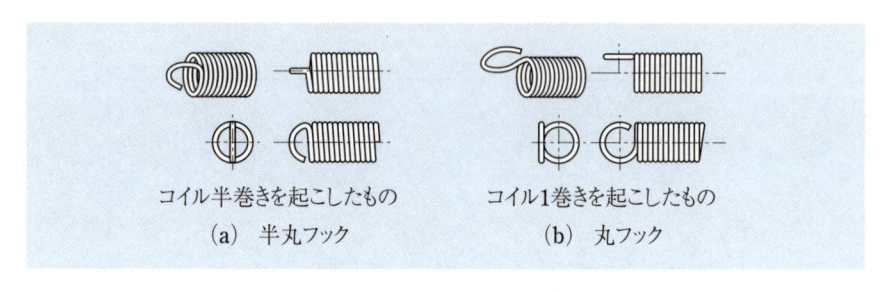

図 6.28　引張りコイルばね
(a)　半丸フック　コイル半巻きを起こしたもの
(b)　丸フック　コイル1巻きを起こしたもの

(1) ばねの変位，ばね定数

$$\delta = \frac{8N_a D^3 (P - P_i)}{G d^4} \tag{6.68}$$

$$k = \frac{P - P_i}{\delta} = \frac{G d^4}{8 N_a D^3} \tag{6.69}$$

有効巻き数 N_a：引張りばねの場合，巻き数が多いので，総巻き数と等しいと見なしてよい．

初張力 P_i および初応力：引張りばねの冷間成形は，コイル線を成形力方向に引張した状態で，1巻きごとに密着させながら行う．そのため，コイル線には，張力が残留した状態となっている．

この張力によるねじり応力が初応力となる．この初応力は，ばね指数 $c\ (=D/d)$ に対応して変化する．図 6.29 は，JIS に基づく初応力を示したものである．ピアノ線等の鋼材に対しては，斜線の範囲内になる．

(2) ばねに生じるせん断応力

圧縮ばねの場合と同様で，

$$\tau = \kappa \tau_0 \tag{6.70}$$

$$\tau_0 = \frac{M_t}{I_p}\frac{d}{2} = \frac{RP\cos\alpha}{\dfrac{\pi d^4}{32}}\frac{d}{2} = \frac{8DP}{\pi d^3} \tag{6.71}$$

応力修正係数 κ も，圧縮ばねと同様である．

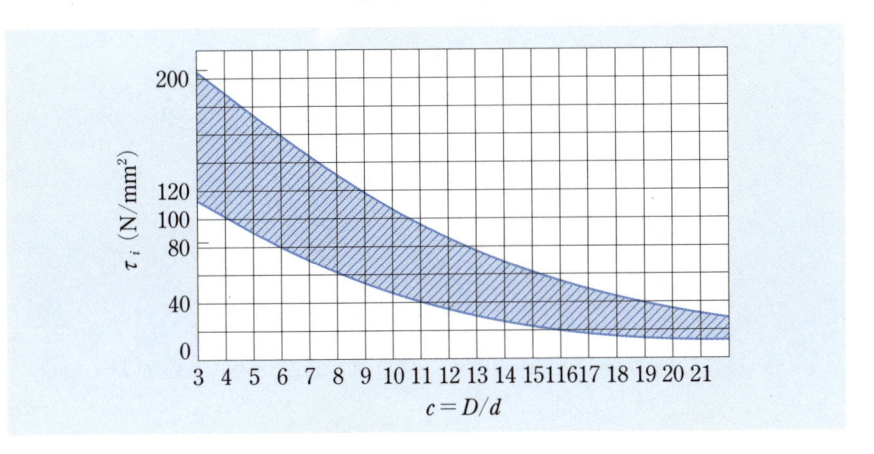

図 6.29　ばね指数に対応する初応力

(3) サージングに対する配慮
圧縮ばねと同様である．

(4) 許容応力
① 荷重を受ける場合
　圧縮ばねと同じく図 6.26 を用いる．ただし，引張りばねの場合は，初応力が含まれること，フック部の応力集中があること，コイル部の応力計算の不確かさ等から図の値の 64％をとることとしている．
② 繰返し荷重を受ける場合
　圧縮ばねと同様，図 6.27 を用いる．

■ねじりコイルばね■

　ねじりコイルばねは，図 6.30 に示したように，一般的には案内棒の周りにばねを取り付けた形態をとる．そして，ばねから飛び出した腕部に荷重が作用して，ねじりモーメントを負担する．このねじりモーメントは，コイル線に対しては曲げモーメントとして作用し，曲げ応力を発生する．

　コイル部は，巻き数 3 以上の密着巻きが普通である．しかし，巻き数が多くなり，全長が長くなると，負荷に伴ってねじり座屈を起こしやすくなる．これに対しては，コイル間にわずかな隙間を設けて巻いたり，ばねの軸方向へ引張り力等を与えておくなどの方策がとられる．

(a) 腕の長さを考慮しなくてよい場合　(b) 腕の長さを考慮する必要のある場合

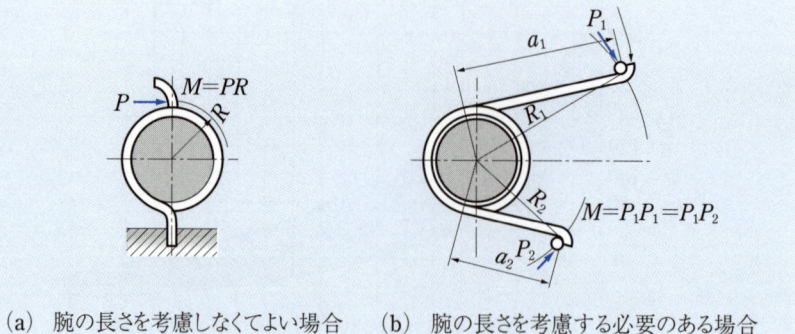

図 6.30　ねじりコイルばね

(1) ばねの変位，ばね定数

式 (6.60) にて，ねじりモーメント M_t のみが作用するものとし，ねじれ角，曲げ応力を算出できる．ただし，その設計基準は JIS2709 に定められている．設計基準では，案内棒がある場合を対象とし，

① 腕の長さを考慮しなくてもよい場合（図 6.30 (a)）

腕の長さが短いので，腕部にはたわみが生じないと見なせる．

$$\phi = \frac{M_t L}{E I_1} \tag{6.72}$$

$$L = \pi D N$$

$$k_T = \frac{M_t}{\phi} \tag{6.73}$$

ϕ：ねじれ角

k_T：ねじりのばね定数

$$\delta = \frac{M_t}{Z} = \frac{32 M_t}{\pi l^3} \tag{6.74}$$

② 腕の長さを考慮する必要のある場合（図 6.30 (b)）

腕の長さを片持ち梁と考え，この角変位をコイル部の角変位に加算した近似式で計算する．

$$\phi = \frac{64M_t}{E\pi d^4}\left\{\pi DN + \frac{1}{3}(a_1+a_2)\right\} \tag{6.75}$$

$$k_T = \frac{\pi E d^4}{64\left\{\pi DN + \frac{1}{3}(a_1+a_2)\right\}} \tag{6.76}$$

$$L = \pi DN + \frac{1}{3}(a_1+a_2)$$

(2) ばねに生じる応力

① 力がばねを巻き込む方向に作用する場合

生じる応力は，式(6.76)の通りで，曲げ応力の修正係数を必要としない．

② 力がばねを巻き戻す方向に作用する場合

コイル内側に次式の最大引張り応力が生じる．

$$\sigma_{\max} = \frac{32\left(R+\dfrac{D}{2}\right)P\kappa_b}{\pi d^3} \tag{6.77}$$

$$\kappa_b = \frac{4c^2-c-1}{4c(c+1)} \quad \text{（曲げ応力の修正係数）}$$

(3) 案内棒

ばねを巻き込む方向に負荷をかけると，コイルの直径は減少するので，案内棒の直径は使用時最大内径 $(D_1 - \nabla D)$ の 90% にとるのがよいとされる．

コイルの平均径の減少は，

$$\nabla D = \frac{\phi_{\max}D}{2\pi N} \tag{6.78}$$

$$D_s = 0.9(D_1 - \nabla D)$$

$\phi_{\max}$：最大ねじれ角

(4) 許容応力

① 静荷重を受ける場合

JIS においては，図 6.31 に示した許容曲げ応力の値を推奨している．

② 繰返し荷重を受ける場合

JIS においては，図 6.32 に示した曲げ応力の疲れ強さ値を推奨している．

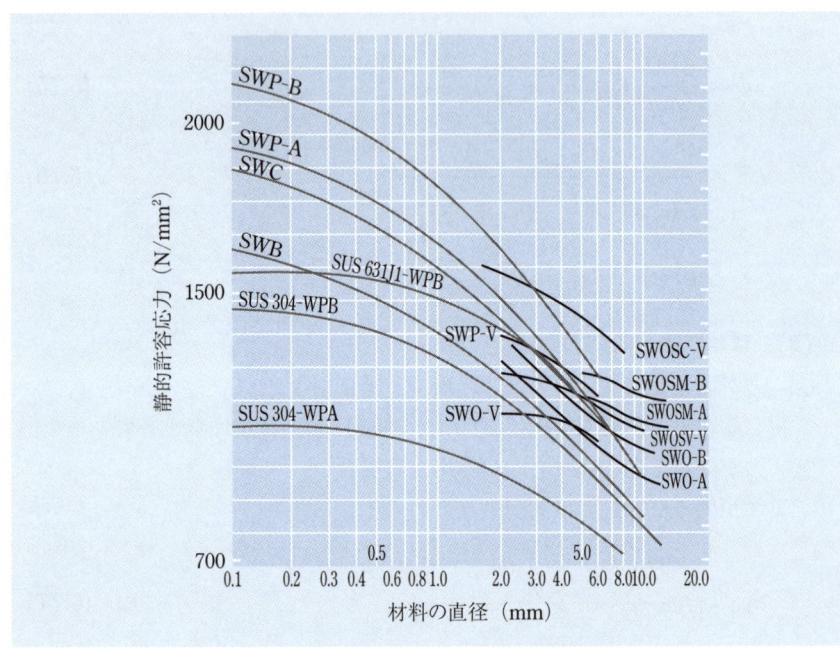

図 6.31　ねじりコイルばねの静的許容応力

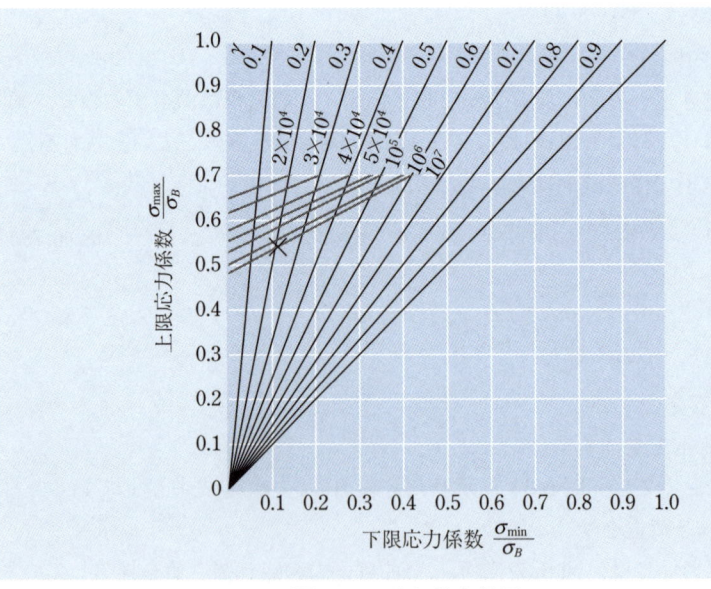

図 6.32　疲れ強さ線図

6.3.4 トーションバーの設計

トーションバーは，図 6.33 に示したような構造をとり，純粋なねじりで使用される．懸架装置等に用いられる棒状のばねである．材料には，ばね鋼を用い，油焼き入れ，高周波焼き入れして製作される．

(1) ねじり角およびばね定数

例として，中空円筒状の棒の場合について，一端を固定し，他端にねじりモーメント T を加えた場合の，ねじれ角 ϕ は

$$\phi = \frac{1}{\frac{\pi(d_2{}^4 - d_1{}^4)}{32}} \frac{TL}{G} \tag{6.79}$$

G：横弾性係数
d_1, d_2：中空円筒状棒の外径および内径

したがって，ねじりばね定数 k_t は

$$k_t = \frac{T}{\phi} \tag{6.80}$$

で与えられる．中実棒の場合は $d_1 = 0$ とすればよい．

(2) せん断応力 τ

$$\tau = \frac{d_2}{\frac{\pi(d_2{}^4 - d_1{}^4)}{16}} T \tag{6.81}$$

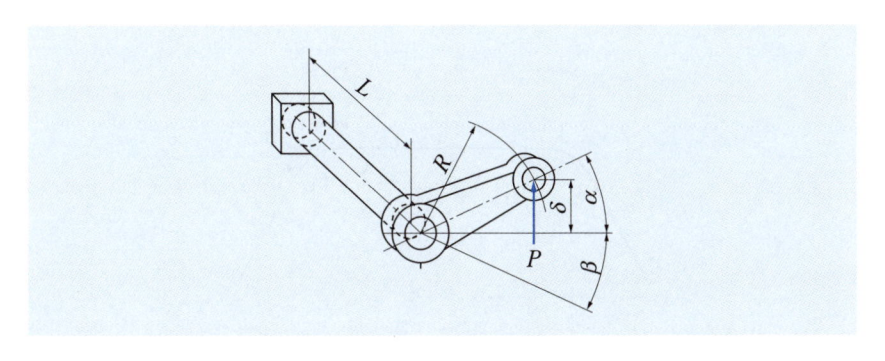

図 6.33 トーションバーの負荷機構

(3) 負荷機構の影響

トーションバーの設計においては，腕の長さや取り付け位置を考慮することにより，様々な特性が得られる．ちなみに，図 6.33 にて，腕に加える荷重 P は

$$P = \frac{k_t(\alpha + \beta)}{R \cos \alpha} \tag{6.82}$$

したがって，着力点での負荷方向のばね定数 k は，$\delta = R \sin \alpha$ を考慮に入れると

$$\begin{aligned}
k &= \frac{dP}{d\delta} \\
&= k_t \{1 + (\alpha + \beta) \tan \alpha\} \frac{1}{R^2 \cos^2 \alpha}
\end{aligned} \tag{6.83}$$

たわみは，$\delta_s = P/k$ より，

$$\delta_s = \frac{R \cos \alpha}{\dfrac{1}{\alpha + \beta} + \tan \alpha} \tag{6.84}$$

6.3.5 スタビライザの設計

スタビライザもねじりばねの一種である．自動車の懸架系等を構成する部品で，車両の旋回時におけるローリングを緩和する機能を果たす．

構造をモデル化すると図 6.34 のようになる．この特性は，同一の平面上に置かれた曲がり梁が，2 点 C，C′ で支持され，端点 A，A′ で垂直，逆向きの同じ力 P を受ける場合と見なして解析される．

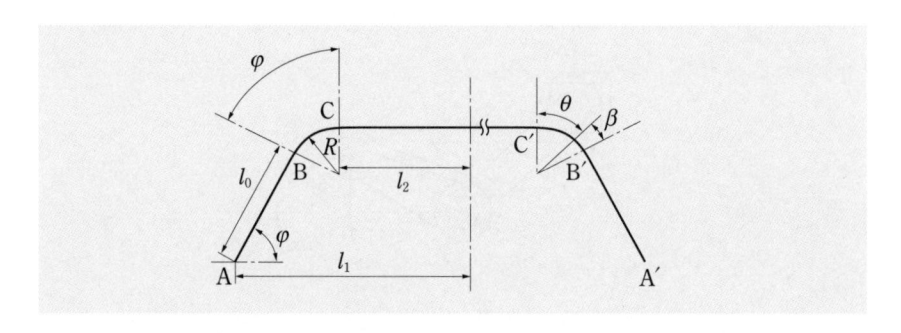

図 6.34 スタビライザ

最大曲げ応力は，BC，B′C′ 部の $\theta = \varphi - \beta$ に発生し

$$\sigma = \frac{2P}{Z_t}\sqrt{l_0{}^2 + R^2} \tag{6.85}$$

$\quad\quad Z_t$：断面係数

最大せん断応力は C，C′ に発生し

$$\tau = \frac{P}{Z_t}\sqrt{l_0{}^2 + R^2 + \frac{2R(l_0 l_2 - Rl)}{\sqrt{l_1{}^2 + l_2{}^2}}} \tag{6.86}$$

で与えられる．

BC，B′C′ 部の θ の位置における主応力は，

$$\sigma_1 = \frac{P}{Z_t}\left(R^2 + 2\sqrt{l_0{}^2 + R^2}\right) \tag{6.87}$$

$$l_0 = \sqrt{l_1{}^2 + l_2{}^2} - R\left(\frac{\sqrt{l_1{}^2 + l_2{}^2} - l_1}{l_2}\right)$$

いま，

$$\alpha = \tan^{-1}\frac{2R}{l}$$

$$\beta = \tan^{-1}\frac{R}{l_0}$$

$$\gamma = \tan^{-1}\frac{l_0 l_2 - R l_1}{l_0 l_2 + R l_2}$$

$$\varphi = \tan^{-1}\frac{l_2}{l_1}$$

$$Z_t = \frac{\pi d^3}{16}$$

$$I_t = \frac{\pi d^4}{32}$$

$$I = \frac{\pi d^4}{64}$$

とする．

着力点でのばね定数 k は，着力点でのたわみを δ とすると，

第 6 章　機械部品の設計

$$\begin{aligned}\frac{1}{2k} = \frac{\delta}{P} =& \frac{l_0{}^3}{3EI} + \frac{l_2{}^2 l}{2GI_t} + \frac{R}{EI}\left\{\frac{l_0{}^2}{2}\left(\varphi + \frac{1}{2}\sin 2\varphi\right)\right\} \\ &+ l_0 R \sin^2\varphi + \frac{R^2}{2}\left(\varphi - \frac{1}{2}\sin 2\varphi\right) \\ &+ \frac{R}{GI_t}\left\{\frac{l_0{}^2}{2}\left(\varphi - \frac{1}{2}\sin 2\varphi\right) + l_0 R(1-\cos\varphi)^2\right\} \\ &+ R^2\left(\frac{3}{2}\varphi - 2\sin\varphi + \frac{1}{4}\sin 2\varphi\right) \quad (6.88)\end{aligned}$$

で与えられる．

6.4 圧力容器

6.4.1 圧力容器の種類

圧力容器には，法律に基づく規則がある．したがって，圧力容器を製造する場合には，適用を受ける法律に基づく技術上の基準によらなければならない．
圧力容器は，法規上，以下のように分類されている．

■第1種圧力容器■
① 蒸気その他の熱媒を受け入れ，または蒸気を発生させて固体または液体を加熱する容器で，容器内の圧力が大気圧を超えるもの．
② 容器内における化学反応，原子核反応によって蒸気が発生する容器で，容器内の圧力が大気圧を超えるもの．
③ 容器内の液体の成分を分離するため，当該液体を加熱し，その蒸気を発生させる容器で，容器内の圧力が大気圧を超えるもの．
④ 大気圧を超える圧力の飽和水を蓄積する容器．

■第2種圧力容器■
① 気圧のゲージ圧力が $2\,\mathrm{kgf/cm^2}$ ($1\,\mathrm{kgf/cm^2} = 9.8 \times 10^4\,\mathrm{Pa}$) 以上で，かつ内容積が $0.04\,\mathrm{m^3}$ 以上のもの．
② 気体の圧力が $2\,\mathrm{kgf/cm^2}$ 以上であって，胴の内径が $200\,\mathrm{mm}$ 以上で，かつその長さが $1000\,\mathrm{mm}$ 以上のもの．

■小型圧力容器■
① 圧力 $1\,\mathrm{kgf/cm^2}$ ($1\,\mathrm{kgf/cm^2} = 9.8 \times 10^4\,\mathrm{Pa}$) 以下で使用する第1種圧力容器であって，内容積が $0.2\,\mathrm{m^3}$ 以下のもの，または胴の内径が $500\,\mathrm{mm}$ 以下で，かつその長さが $1000\,\mathrm{mm}$ 以下のもの．
② 第1種圧力容器で，その使用する最高圧力を $\mathrm{kgf/cm^2}$ で表した数値と，内容積を $\mathrm{m^3}$ で表した数値との積が 0.2 以下のもの．

6.4.2　圧力容器の規格

圧力容器の法律に基づく規則として，以下のようなものがある．
- 労働省労働基準局の労働基準法および労働安全衛生法によるボイラーおよび圧力容器安全規則
- ボイラー構造規格
- 第1種圧力容器構造規格
- 第2種圧力容器構造規格

また，圧力容器の用途拡大や，技術の進歩に即応させた新しい圧力容器構造規格も公布されている．

経済産業省の高圧ガス取締法による高圧ガス容器に関する規則，発電用ボイラー技術基準，原子力発電用技術基準などもある．

関連規格として，日本工業規格の圧力容器関連のもの，米国の ASME コード等各国で取り決めた規則もある．

6.4.3　圧力容器に生じる応力，変位

上記の規格に従って，圧力容器の各部は，詳細設計を行う必要がある．しかし，圧力容器そのものの形状，寸法等は，殻体に関する材料力学，弾性論等の知識を準用して求める必要がある．以下に内圧を受ける薄肉容器について，その求め方を述べる．

(1) 応力

図 6.35 のように，容器の壁上に2つの経線 mn, sq と，この経線に垂直な2つの緯線 ms, nq によって囲まれる微小な要素 mnqs をとる．この微小要素に働く応力の釣り合いを考える．

σ_1, σ_2　：経線方向の引張り応力，

　　　　　緯線方向すなわち周方向に沿って働く引張り応力

ds_1, ds_2：微小要素についての図示した寸法

r_1, r_2　：経線の曲率半径，緯線の曲率半径

h　　　：容器の肉厚

とする．

6.4 圧力容器

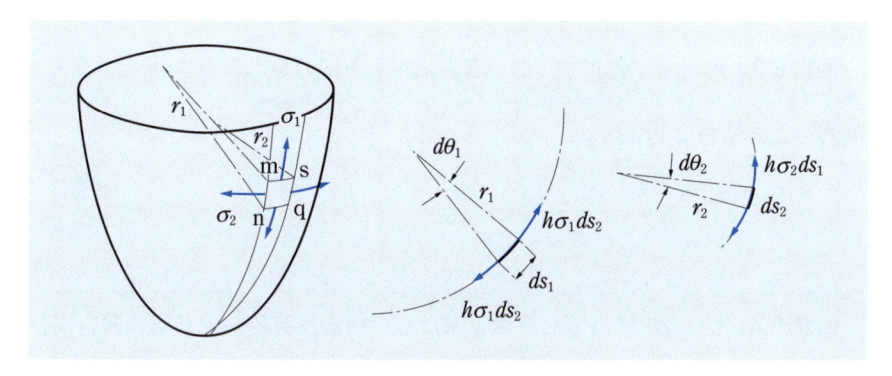

図 6.35 圧力容器に働く応力

対称であるという条件から微小要素の 4 辺には垂直応力のみが作用する．したがって，要素の ms 面および nq 面に作用する引張力は，$h\sigma_1 ds_2$，mn 面および sq 面に作用する引張力は，$h\sigma_2 ds_1$ であるから，$h\sigma_1 ds_2$ は微小要素の面に対して垂直方向に

$$h\sigma_1 ds_2 d\theta_1 = \frac{h\sigma_1 ds_1 ds_2}{r_1} \tag{6.89}$$

の分力を有する．

同様に，$h\sigma_2 ds_1$ は

$$h\sigma_2 ds_1 d\theta_2 = \frac{h\sigma_2 ds_1 ds_2}{r_2} \tag{6.90}$$

の分力を持つ．これらの垂直成分の和が，微小要素に作用する垂直力 $pds_1 ds_2$（p：内圧）と釣り合うので

$$\frac{h\sigma_1 ds_1 ds_2}{r_1} + \frac{h\sigma_2 ds_1 ds_2}{r_2} = pds_1 ds_2 \tag{6.91}$$

したがって，基礎式は，

$$\frac{\sigma_1}{r_1} + \frac{\sigma_2}{r_2} = \frac{p}{h} \tag{6.92}$$

上記の式の誘導法を参考にしたり，式そのものの適用によって，多くの問題が解析できる．

例題 6.3 内圧 p が作用する球形容器に生じる応力を求めよ．

解答 この場合は $r_1 = r_2 = r$ であるから，
$$\sigma_1 = \sigma_2 = \frac{pr}{2h} \tag{6.93}$$

例題 6.4 図 6.36 に示した液体を満たした円錐形容器に生じる緯線方向（周方向）の引張り応力，経線方向に沿って働く引張り応力を求めよ．

解答 図にて，経線方向の曲率半径は無限大である．したがって，$1/r_1 = 0$ である．また，液面から $d-y$ の距離の点 m, n における内圧は $p = \gamma(d-y)$ で，曲率半径は，
$$r_2 = \frac{y \tan \alpha}{\cos \alpha}$$
であることから
$$\sigma_2 = h \frac{y \tan \alpha}{\cos \alpha} \tag{6.94}$$
ただし，$\gamma = \rho g$

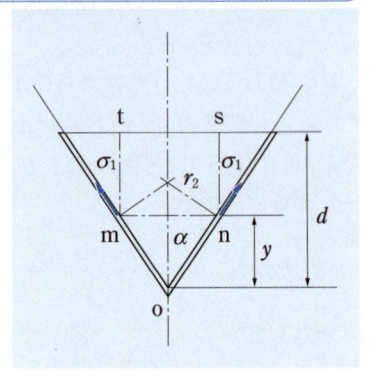

図 6.36 円錐形容器

を得る．この応力の最大値は，$(d-y)y$ が最大となる点 $y = d/2$ に生じる．

一方，m–n における応力は，殻の経線方向引張り力の y 方向成分が容積 tmons の液体の重量を支えているという条件から求められる．すなわち，
$$2\pi y \tan \alpha h \sigma_1 \cos \alpha = \pi y^2 \tan^2 \alpha \left(d - y + \frac{1}{3} y \right) \gamma$$
$$\sigma_1 = y \tan \alpha \left(d - \frac{2}{3} y \right) \gamma / 2h \cos \alpha \tag{6.95}$$

例題 6.5 図 6.37 に示したような内圧 p が作用する円筒に生じる軸方向応力および周方向応力を求めよ．

解答 筒体の端部は鏡板で仕切られる．この鏡板に加わる力 P は，$P = \pi r^2 p$ である．したがって，筒壁の軸方向応力 σ_1 は

$$\sigma_1 = \frac{P}{2\pi rh} = \frac{pr}{2h} \qquad (6.96)$$

となる．

周方向応力 σ_2 は，式 (6.95) に上式を代入し，さらに，経線の曲率半径が $r_1 = \infty$ となることを考慮すると，

$$\sigma_2 = \frac{pr}{h} \qquad (6.97)$$

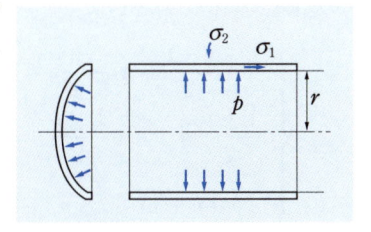

図 6.37 円筒容器

以上は，筒体に作用する膜応力のみを解析したが，実際的には，鏡板との接合部は，鏡板の半径方向変位と筒体の半径方向変位が異なるため，大きな付加応力が発生する．この付加応力については，弾性学による弾性床上の梁の計算式を準用して求められる．

(2) 変位

図 6.38 に示すような円筒殻の場合を考える．半径方向，軸方向，円周方向の変位をそれぞれ w, u, v とする．

半径方向の圧力 p が加わる場合の x, θ, r 方向の力の釣り合いを考えると，

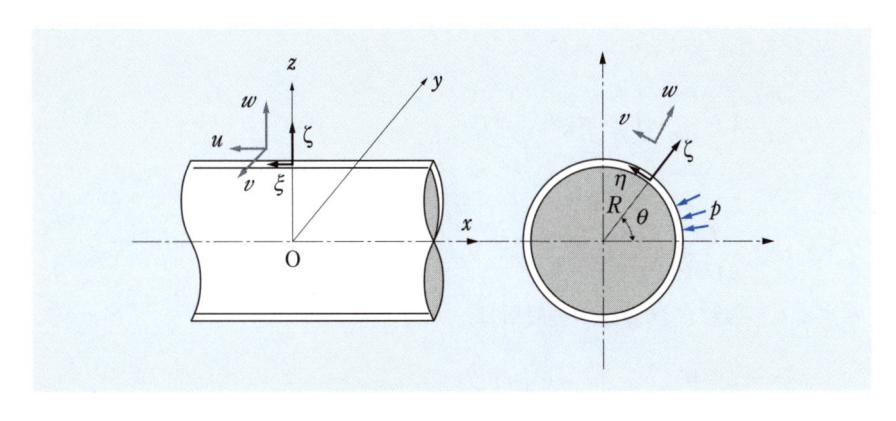

図 6.38 圧力容器の変位

次の基礎式が得られる．

$$\begin{cases} u'' + \dfrac{1-\nu}{2}\ddot{u} + \dfrac{1+\nu}{2}\dot{v}' + v\dot{w} = 0 \\ \dfrac{1+\nu}{2}\dot{u}' + \ddot{v} + \dfrac{1-\nu}{2}v'' + \dot{w} - D(\ddot{w}' + \dddot{w}) = 0 \\ v\dot{u}' + \dot{v} + w + D(w'''' + 2\,\ddot{w}'' + \dddot{\dddot w}) + \dfrac{pR^2(1-\nu^2)}{Et} = 0 \end{cases} \quad (6.98)$$

$\begin{pmatrix} \text{' は } x \text{ に関する微分 } \dfrac{\partial}{\partial x} \text{ を・は } \theta \text{ に関する微分 } \dfrac{\partial}{\partial \theta} \text{ を意味する．} \\ \text{したがって，以下のように表せる．} \\ \quad \ddot{u} = \dfrac{\partial^2}{\partial \theta^2}, \quad \dot{v}' = \dfrac{\partial^2}{\partial x \partial \theta}, \quad \ddot{w}'' = \dfrac{\partial^4}{\partial x^2 \partial \theta^2} \end{pmatrix}$

ただし

$$D = \dfrac{Et^3}{1-\nu^2}$$

ν：ポアソン比
E：縦弾性係数
t：板厚
R：円筒殻の半径

円筒殻が軸対称変形するときは，円周方向変位 $v = 0$ であり，θ に関する微分項は省略できる．さらに軸方向変位 u に関する項を消去すると，半径方向変位 w を求める式は次のようになる．

$$\dfrac{d^2}{dx^2}\left(D\dfrac{d^2 w}{dx^2}\right) + \dfrac{Et}{R^2}w = -p \quad (6.99)$$

ここで，

$$\beta = \dfrac{Et}{4DR^2} = \dfrac{3(1-\nu^2)}{R^2 t^2}$$

とすると，方程式 (6.99) の一般解は，

$$\begin{aligned} w &= e^{\beta x}(C_1 \cos \beta x + C_2 \sin \beta x) \\ &\quad + e^{-\beta x}(C_3 \cos \beta x + C_4 \sin \beta x) - \dfrac{p}{4\beta^4 D} \end{aligned} \quad (6.100)$$

6.4 圧力容器

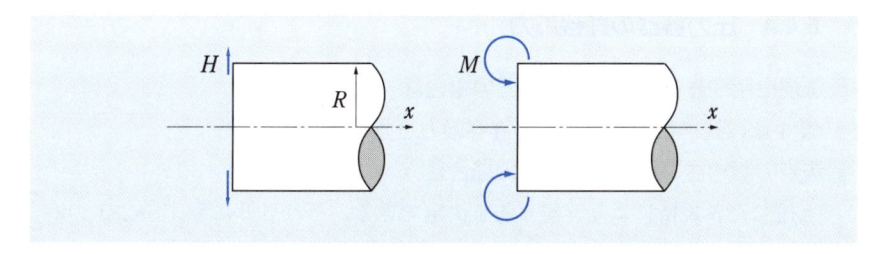

図 6.39 半無限円筒

となり，積分定数 $C_1 \sim C_4$ ($C_1 \sim C_4$ は任意定数) は境界条件より求められる．

図 6.39 に例示したような，軸対称変形の場合について求める．

① 半無限円筒殻の端部に一様な荷重が作用する場合

境界条件は，

$x = \infty \qquad w = 0$

$x = 0 \qquad M_x = 0, \quad Q_x = H$

であるから，

$$-D\left(\frac{d^2 w}{dx^2}\right)_{x=0} = 0, \qquad -D\left(\frac{dw^3}{dx^3}\right)_{x=0} = H$$

を考慮すると，

$$C_1 = C_2 = C_4 = 0, \qquad C_3 = \frac{H}{2\beta^2 D}$$

これより

$$w = \frac{H}{2\beta^3 D} e^{-\beta x} \cos \beta x, \qquad M_x = \frac{H}{\beta} e^{-\beta x} \sin \beta x \tag{6.101}$$

② 端部に曲げモーメントが作用する場合

$$-D\left(\frac{d^2 w}{dx^2}\right)_{x=0} = M, \qquad -D\left(\frac{d^3 w}{dx^3}\right)_{x=0} = 0$$

であることより，

$$\begin{aligned} w &= \frac{M}{2\beta^2 D} e^{-\beta x}(\sin \beta x - \cos \beta x) \\ M_x &= M e^{-\beta x}(\cos \beta x + \sin \beta x) \end{aligned} \tag{6.102}$$

6.4.4 圧力容器の許容応力

■法規に制約されないような容器の場合■

第4章に述べた方法によって許容応力を求めればよい.

■法規に制約されるような容器の場合■

上述した各規格により容器寸法を決定できる. それ以外にも JIS8281 の応力解析, 有限要素法等の解析方法によっても設計できる. その場合は, 各部の応力を計算した後, 次の分類に従って応力を割り当て, 次ページの表 6.5 に示したフローに従って評価する.

(1) **1次一般膜応力** (P_m):圧力によって生じる膜応力であって, 局部的な構造上の不連続性がない部分のもの.

(2) **1次局部膜応力** (P_L):圧力によって生じる膜応力が, 他の1次応力や不連続効果またはそのいずれかと組み合わされた場合, 構造物の他の部分に荷重を伝達する際に過度のひずみを生じるような2次応力的な性格を持った応力である. (JISB8270 で規定される各材料の設計強さ S_m の1.1倍をとった場合, その値をとる範囲が子午線方向にあっては $1.0\sqrt{Rt}$ 以上にあること. 加えて, 子午線方向(緯線方向)にとって $2.5\sqrt{R_m t_m}$ の範囲内には, $1.1S_m$ を超える1次一般応力が存在しない場合の膜応力. ここで, R, t は当該部の法線半径および当該部の最少厚さ. R_m, t_m は1次膜応力が, $1.1S_m$ を超える部分の法線半径の平均および最少厚さの平均.)

(3) **1次曲げ応力** (P_b):圧力によって生じる曲げ応力であって, 局部的な構造上の不連続性がない部分のもの.

(4) **2次曲げ応力** (Q):構造物の隣接部分の拘束および自己拘束によって生じる垂直応力またはせん断応力.

(5) **ピーク応力** (F):応力集中または局部熱応力によって, 1次応力または2次応力に付加される応力の増分.

これらの各応力に対して以下に示す許容限界を超えないように設計する.

① P_m に対する許容値は, kS_m (k:基本許容応力に乗じる割り増し係数) とする.

② 次に設計荷重によって生じる1次局部膜応力強さ (P_L) に対する許容値は $1.5\,kS_m$ とする.

6.4 圧力容器

表 6.5 法規で制約される圧力容器の許容応力

応力分類	破損限界	許容応力	安全率 n
P_m	σ_Y (降伏)	$S_m = \min(\sigma_Y/1.5, \sigma_B/2.2)$	$\gamma \leq 0.625 : 1$
$P_m + P_b$	$1.5\sigma_Y$ (塑性崩壊)	$1.5 S_m = \min(\sigma_Y, \sigma_B/1.6)$	$\gamma \geq 0.625 : 2.4\gamma$
P_L	$1.5\sigma_Y$ (過度の変形)	$1.5 S_m = \min(\sigma_Y, \sigma_B/1.6)$	
$P_L + Q$	$2\sigma_Y$ (漸増崩壊)	$3 S_m = \min(2\sigma_Y, 1.25\sigma_B)$	$\gamma \leq 0.625 : 1$ $\gamma \geq 0.625 : 1.6\gamma$
$P_L + Q + F$	ε (疲れひずみ範囲)	S_a (許容応力振幅)	$S_a : 2$ 応力振幅 $N : 20$ 繰返し数

P_m : 一般の膜応力;圧力,他の機械的負荷によって生じる膜応力である
（ただし,構造上の不連続のない肉厚断面を横切る平均応力）

P_L : 1 次局部膜応力;圧力,他の機械的負荷によって生じる膜応力である
（ただし,構造上の不連続効果等との組み合わせによって過度な局部変形を引き起こすような肉厚断面を横切る平均応力）

P_b : 1 次曲げ応力;圧力,他の機械的負荷によって生じる 1 次曲げ応力である

Q : 2 次応力;機械的負荷または熱膨張差によって生じる外的拘束または自己拘束の平衡応力（ただし,構造上の不連続箇所に働く垂直応力およびせん断応力）

F : ピーク応力切欠き応力集中または局部熱応力により,1 次応力および 2 次応力に付加される応力の増加分（ただし,疲れ破壊の恐れのあるもの）

γ : σ_Y/σ_B

条件	荷重の組み合わせ	k の値	応力値算定条件
設計荷重	設計圧力,容器の自重,内容物の重量,付属する装置の重量および外部付属品の重量	1.0	設計温度における腐れ後の肉厚,寸法
	上記 + 風荷重	> 1.0	
	上記 + 地震荷重	> 1.0	

③ また，$(P_L + P_b)$ に対する許容値は $1.5\,kS_m$ とする．
④ 運転荷重によって生じた1次応力と2次応力の和の応力強さ (P_L+P_b+Q) の変動範囲に対する許容値は $3\,S_m$ とする．
⑤ 変動荷重によって生じた $(P_L + P_b + Q + F)$ に対しては，疲れ強さ S_a との比較を行い，疲れの評価を行う．

> **例題 6.6** 円筒殻のある箇所の1次局部膜応力 P_L が，$P_L = \dfrac{pR_f}{t_f}$ で計算できるものとする．今，$R_f = 100\,\text{mm}$，$p = 1\,\text{MPa}$ とした場合，上記条件を満足する t_f を決定せよ．ただし，円筒殻の材料は $\sigma_Y = 400\,\text{MPa}$，$\sigma_B = 600\,\text{MPa}$ の強度（$\gamma = \sigma_Y/\sigma_B \geqq 0.625$）を有するものとする．

解答 まず，基準応力は

$$S_m = \frac{\min(\sigma_Y, \sigma_B/1.6)}{1.5} = \frac{\min(400, 600/1.6)}{1.5} = \frac{600}{1.6 \times 1.5} = 250\,(\text{MPa})$$

となる．1次局部膜応力の場合の割増係数 κ は1であるから，設計にあたっての基準応力は，$S_m = 1 \times 250 = 250\,(\text{MPa})$．この場合，安全率 n は前表より，

$$n = 2.4\frac{\sigma_Y}{\sigma_B} = 1.6$$

したがって，

$$\text{許容応力}\left(=\frac{\text{基準応力}}{\text{安全率}}\right) = \frac{250}{1.6} = 15.6\,(\text{MPa})$$

そこで，

$$\text{設計応力}\ P_L\left(=\frac{pR_f}{t_f} = \frac{1 \times 100}{t_f}\right) < \text{許容応力}\left(=\frac{\text{基準応力}}{\text{安全率}}\right) = \frac{250}{1.6}$$
$$= 15.6\,(\text{MPa})$$

より，$t_f = 6.2\,(\text{mm})$ と求まる．

円筒殻の1次局部膜応力を生じている各箇所での法線方向半径および肉厚を見比べ，法線方向半径の最少値 R および肉厚の最少値 t を求める．この値より，導き出した $1.0\sqrt{Rt}$ に比べ，計算した箇所での値 $1.0\sqrt{R_f t_f} = 25$ がそれ以上となっていれば，設計仕様として満足する．

第6章の問題

■ **1** 図Ⅰにおいて，2つの剛体が点Cで接触しながら，回転し続けるものとする．この2つの剛体の相対的瞬間中心を求めよ．また，点Cにおける剛体表面の滑り速度を求めよ．

■ **2** 直径 d m の軸で，トルク T N·m，回転角速度 ω rad/s を伝達している．以下の問に答えよ．
(1) 軸の伝達動力 P W を求めよ．
(2) 軸の外表面に生じるせん断応力 τ の値を求めよ．
(3) 軸の単位長さ当たりのねじり角 θ を求めよ．

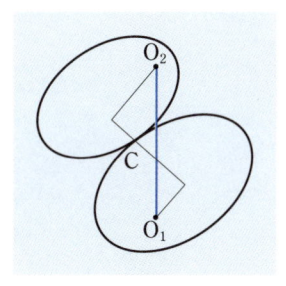

図Ⅰ

■ **3** 歯車ポンプの出入り口の圧力差を P Pa，油の粘度を μ Pa·s，側面の隙間を S m とすると，側面隙間における単位時間当たりの漏れ量は，

$$q_s = k\frac{P}{\mu}S^3$$

また，歯車側面における摩擦による損失動力は，

$$L_s = K\frac{\mu n^2}{S} \qquad n：毎秒回転数$$

である．側面隙間における全損失動力を最小にする S の値を求めよ．

■ **4** 滑り軸受けでは，回転軸の摩擦熱による加熱を防ぐ必要がある．そのために，単位面積，単位時間当たりの摩擦仕事をある限度内に抑える必要がある．この摩擦仕事を求めよ．軸受け圧力を p Pa，軸の周速度を v m/s，摩擦係数を μ とする．

■ **5** 図Ⅱに示したような円錐クラッチ（摩擦接触面が円錐形のクラッチ）で動力を伝達する．この場合，軸方向に力 F を加え，内側の円錐を外側の円錐に押し付けて，摩擦力 F_1 を発生させる．以下の問に答えよ．
(1) 押し付け力 F と摩擦力 F_1 との関係
(2) 接触面の接線方向の力 P と F の関係
(3) 伝達トルク T と押し付け力 F との関係

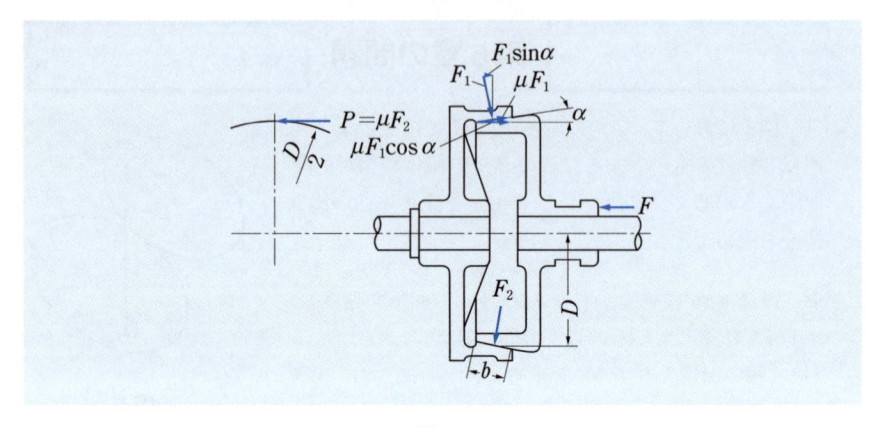

図 II

■ 6 ボルト，ナット結合体の強度設計の手順を述べよ．手順は，被締め付け物を締め付けたボルトに加わる平均応力 σ_{mean}，繰返し応力 σ_{BW} を計算して，その値を第 4 章で述べた方法に適応する．

■ 7 ねじのフランク面に荷重が負荷した場合，ねじ谷底の応力分布は図 III のようになる．いま，被締め結け物を M12 のボルト，ナットで締め付けた場合，座面に最も近いねじ谷底に生じる最大応力を求めよ．

■ 8 式 (6.53) に基づいて，創成歯形を描くプログラムを作成せよ．

$$\frac{\sigma_{\max}}{p} t_p = 4.52$$

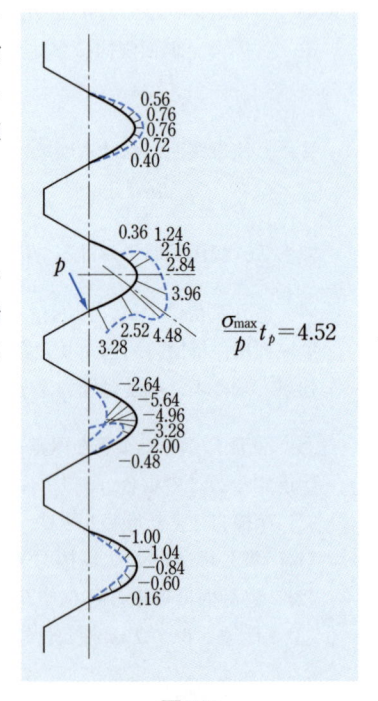

図 III

第7章 材料の特性

- 7.1 構造用鋼の組織と化学成分の役割
- 7.2 設計に使用される材料の記号
- 7.3 構造用炭素鋼および
  　　　合金鋼の機械的性質
- 7.4 熱処理と残留応力

本章では…

　装置の製造に際しては，設計仕様に合致する材料を選択し，仕様で与えられた形状寸法に切削加工等を通じて仕上げる．その際，設計者は，とかく，生材について得られた材料表の強度欄のみに注目して選択しがちである．
　材料は，熱処理等，何らかの処理を施すと，強度欄からでは計り知れないような機能を引き出すことができる．表面形状が改善され，耐摩耗性，耐腐食性が付与されたりする．この処理による材料の隠れた引き出しの関係を概ね知っておくことは，設計者にとって，大切である．
　本章では，鋼の化学成分の違いが付与される機能に及ぼす影響や，熱処理の条件が付与される機能へ及ぼす影響について，概略を述べる．

ISO14000 シリーズ，EU 域内での CE マーキング制度（製品を流通，販売する場合，消費者の安全，健康を確保するために，製品本体や包装，取説等に貼付するマーク）に適応するには，環境適合設計が必須である．それには，環境汚染につながらない材料，再利用・再使用可能な材料の選択が要求される．ちなみに，再使用可能とするため，従来頻繁に利用された熱硬化性樹脂，複合材料等も今後利用から除外される可能性がある．また，金属材料も，再生時のエネルギー効率の悪いもの，重金属の含まれているものも利用から除外されるものと予期される．それ以外にも，製品とした場合，部品点数の削減につながらない材料，製品の分解性（解体性）が容易にならないような材料は，選択対象から外される．今後とも，従前，頻繁に利用されていた材料でも，自然との共生・地球環境への対応を考慮した上で，取捨選択されることとなる．その際には，材料中の化学成分の果たす役割を明確に認識しておく必要がある．

以下に示す材料は，上記のような問題点の少ない材料であり，機械構造体を製作する上では，欠かせない材料である．ここでは，機械的性質に及ぼす化学成分の影響について，まず述べる．

7.1 構造用鋼の組織と化学成分の役割

鉄鋼材料は，結晶組織によって強度が変化する．この結晶組織は，鋼の熱処理状況によって大きく変化する．そこで最初に，熱処理と結晶構造の変化（変態）の関係を概略知っておく必要がある．

図 7.1(a) は，変態を示す**等温変態曲線**（**TTT 曲線**）の概略図である．TTT 曲線は鋼の成分によって異なるものの，類似はしている．図 7.1(b) は TTT 曲線中に，熱処理状態をさらに記入したものである．水冷と油冷は**焼き入れ**，空冷は**焼きならし**，炉冷は**焼きなまし**に該当する．

構造用鋼の場合，焼きなましと焼きならし後の金属組織は，フェライト（微量の炭素を含む α 鉄の固溶体），パーライト（セメンタイトとフェライトの層状組織）である．これらを焼き入れ温度に加熱すると，**オーステナイト**（γ 鉄の固溶体）に変わり，焼き入れによって，**マルテンサイト**（硬くて脆い針状組織）に変化する．さらに**焼き戻し**（調質）により，焼き戻しマルテンサイト（一

7.1 構造用鋼の組織と化学成分の役割

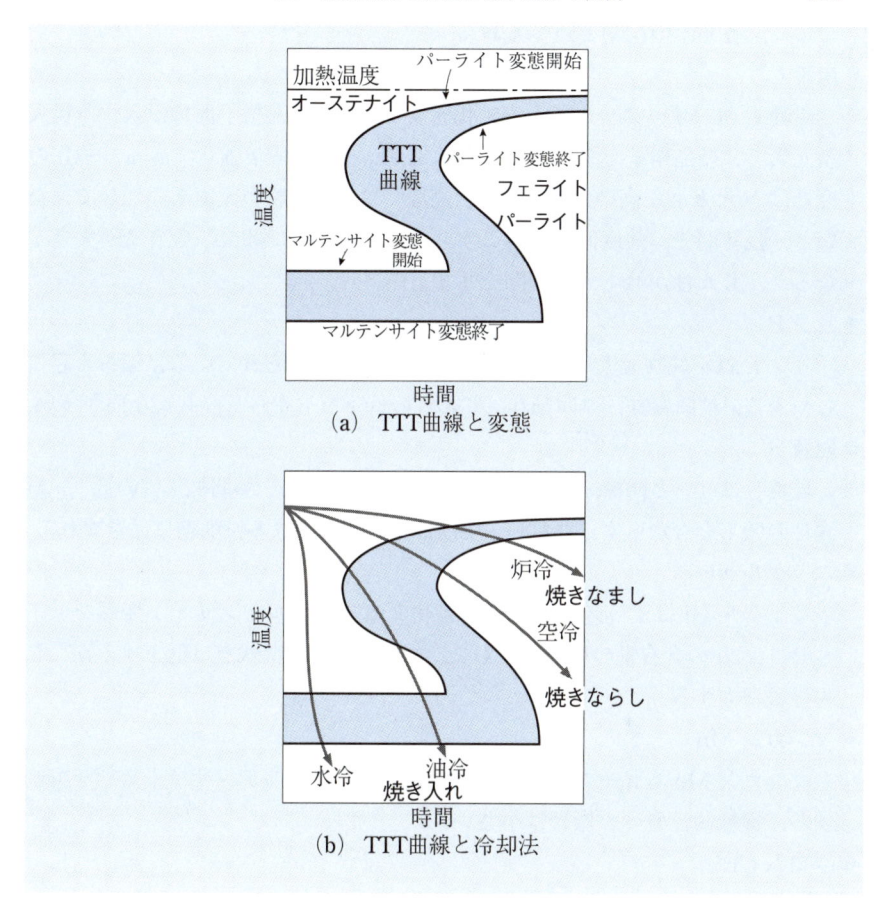

(a) TTT曲線と変態

加熱温度 / オーステナイト / パーライト変態開始 / TTT曲線 / パーライト変態終了 / フェライト / パーライト / マルテンサイト変態開始 / マルテンサイト変態終了 / 温度 / 時間

(b) TTT曲線と冷却法

炉冷 / 焼きなまし / 空冷 / 焼きならし / 水冷 / 油冷 / 焼き入れ / 温度 / 時間

図 7.1 等温変態曲線（TTT 曲線）

部じん性を回復したマルテンサイト），トルースタイト（腐食されやすい組織）等に変化する．この組織に大きな影響を及ぼすのが，鉄鋼材料中の化学成分である．化学成分によって，炭素鋼，合金鋼と総称されるものに大別される．

炭素鋼と総称されるものは，C，Mn，Si，S，P の 5 元素が原則として含まれるが，その性質は，C 量によって左右される．

これに対し，**合金鋼**と総称されるものは，Cr，Mo，Ni 等を添加し，炭素鋼の性質を一部改善したものである．

ここで，各元素の役割を述べておく．

- 炭素 C

炭素 C は，オーステナイト安定化元素である．結晶格子間に侵入する侵入型元素で，結晶格子を歪ませることにより，材料を固溶強化できる．強化の度合は N とともに高い．とりわけ，高温では，炭化物型元素を添加していないと，長時間で，強度低下を起こす．フェライト系では，C 含有量が大きくなると，じん性が低下する傾向を示す．

- リン P

リン P は不純物元素としてその含有量は低く抑えられている．偏析を起こしやすく，粒間腐食，熱間割れ，じん性の低下をもたらし，有害な面が多い．

- 硫黄 S

硫黄 S はリンと同様，含有量が低く抑えられている．熱間加工性の低下，耐食性の低下をもたらす．ただし，切削性の向上を図れる快削鋼には含まれる．

- ニッケル Ni

ニッケル Ni はオーステナイト安定化元素で，マルテンサイト変態を低下させる．Ni の含有量の増加とともに，引張り強さ，降伏点は低下するが，じん性は増大する．

- マンガン Mn

マンガン Mn もオーステナイト安定化元素で，マルテンサイト変態を抑制する．機械的性質への影響は小さい．

- クロム Cr

クロム Cr はステンレス鋼の基本成分である．フェライトは安定であるが，ぜい化が問題となる．フェライト系では，Cr の増加とともに，硬さ，引張り強さは増大するが，伸び，しぼり性は低下する．30%以上では，衝撃値が急激に減少する．

7.2　設計に使用される材料の記号

設計に使用される材料は，記号で表示される．その記号は，3つの部分から構成され，

① 材質を表す記号
② 規格名または製品名を表す記号
③ 種類または引張り強さを表す記号

である．

①については，材質についての英語名あるいはローマ字の頭文字が用いられ，表 7.1 に従う．

表 7.1　材質を表す記号

記　号	名　称
A	アルミニウム
BeCu	ベリリウム銅
Cu	銅
F	鉄
MCr	金属クロム
MMn	金属マンガン
MSi	金属珪素
S	鋼

②については，含有成分の英語名または製品名の頭文字が用いられ，表 7.2 に従う．この部分に表記された記号と 7.1 節で述べた性質とより，機械的性質を概ね把握できる．

③については，種類番号の数字か，最低引張り強さ（単位：MPa）が用いられる．

例　FC200　　鉄，鋳造品，　　　　引張り強度 200 MPa
　　SS410　　鋼，一般構造用圧延材，引張り強度 410 MPa

表 7.2 規格または製品名を表す記号

記号	名称
B	棒またはボイラ
C	鋳造品
CA	構造用合金鋼鋳鋼品
CM	クロムモリブデン鋼
Cr	クロム鋼
F	鋳造品
H	高炭素
K	工具鋼
KH	高速度鋼
L	低炭素
M	中炭素
NC	ニッケルクロム鋼
NCM	ニッケルクロムモリブデン鋼
S	一般構造用圧延材
SC	冷間成形形鋼
T	管
UH	耐熱鋼
UJ	軸受け鋼
UM	快削鋼
US	ステンレス鋼
WP	ピアノ線

材料記号の例外的記述として2種類ある．

- **S15C** のように記述されるもの

 これは炭素鋼で，15という数字が炭素の平均炭素含有量0.15%であることを示している．

- **S14F** のように記述されるもの

 これは，珪素鋼板で，14という数字は鉄損が14 W/kg（周波数；50 Hz，最大磁束密度：10 kG の場合）であることを示している．

7.3 構造用炭素鋼および合金鋼の機械的性質

7.3.1 構造用炭素鋼

表7.3に主な機械構造用炭素鋼の用途および機械的性質の一部を示した．前節と照らし合わせ特性を把握していただきたい．

構造用鋼は強度とじん性を考慮し，C量を0.1%から0.60%とした鋼（S10C～S60C）である．

鋼種記号の真中に標記されている数値は，表中のC量の中央値を意味している．炭素鋼の焼きならし状態での性質は，炭素量の増大に従って，降伏点，引張り強さ，硬さは上昇するが，伸びは低下する．

焼きなまし後の性質については焼きならしのそれと大差ない．ただし，熱処理に際して，処理品の質量，断面寸法の大きいものほど，表面硬さ，内部硬さともに低下する．

この現象は，一般に質量効果と呼ばれている．

侵炭鋼（肌焼鋼ともいわれる．PとSが低く抑えられ，不純物としてのCu，Ni，Cr量も制限されている）を除く構造用鋼は，焼き入れした後，500°C以上で焼き戻しを施して使用される場合が多い．その際の組織はソルバイトであり，じん性が高くなる．

一般的には，焼き戻し温度の上昇に従って，引張り強さ，降伏点は低下するが，衝撃値，伸び，絞りは上昇する．

7.3.2 構造用合金鋼

構造用合金鋼のうち，Mn–Cr系はMn量を増加して焼き入れ性を改善した鋼種である．Cr量が少なく，価格的には安い．

Cr系とCr–Mo系はCrの添加によって焼き入れ性の改善，強度とじん性の向上を図った鋼である．Moの添加は，熱処理の安定性を増す効果がある．

Ni–Cr系，Ni–Cr–Mo系は，さらに焼き入れ性を向上させ，ぜい性の改善を目指したものである．

このような中で，**ステンレス鋼**は代表的な合金鋼であるので，以下に述べて

表7.3 機械構造用鋼の用途および機械的性質

分類	炭素量 C%	炭素鋼の用途	特性	代表的材料	状態	引張り強さ MPa
低炭素鋼	0.05〜0.10	スタンピング，板，線，リベット，溶接材，冷間引き抜き材	①焼き入れ硬化はできない ②機械加工性悪い．切削しにくい ③冷間圧延や絞り加工に適する	S10C	圧延したまま	350〜390
	0.10〜0.20	構造用形材，機械部品，ねじ，浸炭部品	①局部焼き入れや鍛造ができる ②機械加工性は比較的良好 ③冷間圧延や絞り加工に適する	S20C	圧延したまま	460〜480
中炭素鋼	0.20〜0.30	歯車，軸，溶接管	①低炭素鋼より強さ硬さともに大 ②熱処理可能 ③鍛造用材として適切 ④使用頻度が高い鋼	S35C	圧延したまま 冷間引き抜き	620〜650
	0.30〜0.40	軸，シームレス管，車軸，熱処理可能		S35C	圧延したまま 冷間引き抜き	690〜770
	0.40〜0.50	鍛造品，歯車		S45C	焼きなまし（790度）	630
高炭素鋼	0.60〜0.70	ハンマのダイス型，止めねじ，ロックワッシャ	①中炭素鋼より強い ②焼き入れにより非常に強くできるが脆くなる ③機械加工性，溶接性,成形性は中炭素鋼よりかなり劣る			
	0.70〜0.80	帯のこ，アンビル，ハンマ，レンチ				
	0.80〜0.90	パンチ，削岩用ドリル，たがね，板ばね		S60C	圧延したまま 焼きなまし（790度）	760 670
	0.90〜1.00	ばね，ナイフ，軸，ダイス型				
	1.00〜1.10	ドリル，タップ，工具				
	1.10〜1.20	ドリル，バイト		SK4 (Mn: 0.3〜0.5)	焼きなまし	740
	1.20〜1.30	やすり，リーマ，工具			790度油焼き入れ後480度で引き抜き	130
	1.30〜1.40	のこ，金切りのこ			800度で水焼き入れ後200度で焼き戻し	140

おく.

図 7.2 はステンレス鋼の代表的な鋼種について，添加元素の増減によって，機械的性質がいかに変化するかを示したものである．図中の数字は，種類番号である．

(1) フェライト系ステンレス鋼

11～30%の Cr を含む鋼である．耐食性，耐熱性に優れ，加工性もよい．熱処理であまり性質が変わらず，通常焼きなましの状態で使用される．

低 Cr 系では 475°C ぜい性が生じやすい．

中，高 Cr 系では溶接などの加熱，冷却により粒界での腐食感受性が高くなり，じん性も低下する．475°C ぜい性，シグマぜい性などがあるので，高温での使用は注意を要する．

- **475°C ぜい性**：Cr の含有 12%以上のもので，370～540°C に加熱すると，硬さは増加するが伸びが減少する現象．600°C 以上の加熱で回復する．
- **シグマぜい性**：Cr の含有 15%以上のもので，500～800°C の加熱で生じる．

(2) マルテンサイト系ステンレス鋼

SUS400 系と呼ばれる鋼種である．その中で低 Cr 系（SUS403 等）は，耐食性構造用鋼として，高 C 系（SUS430 等）は，刃物，耐摩耗用鋼として使用される．

焼き入れにより，高温時のオーステナイト状態から，低温時のマルテンサイトへ変態し，硬化を起こす．比較的，焼き入れ性が良好で，焼き戻しにより，強度を広く変えることができる．

(3) オーステナイト系ステンレス鋼

18–8 系（あるいは SUS300 系）と総称され，耐食性を重視した箇所に用いられる．非磁性でもあるため，磁気を問題にする部品にも使用される．この鋼種は，オーステナイト単層の金属組織であり，1000～1100°C から急冷して，固溶化処理を行う．固溶化処理は耐食性を目的とした熱処理であるが，これには，圧延，伸線加工が利用される．したがって，JIS 規格では，冷間圧延ステンレス鋼板，ばね用ステンレス鋼帯等が該当する．

第7章 材料の特性

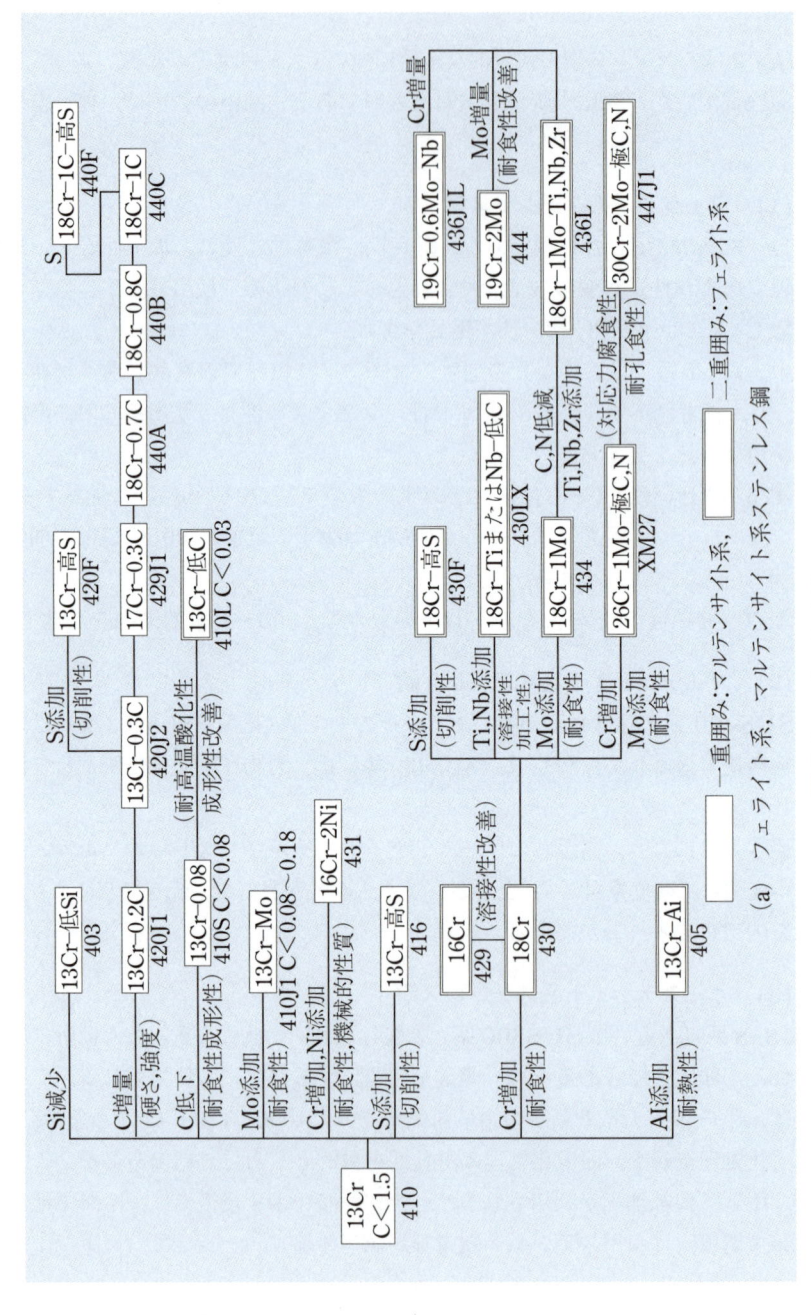

図7.2 ステンレス鋼
(a) フェライト系、マルテンサイト系ステンレス鋼

凡例: 一重囲み：マルテンサイト系、 二重囲み：フェライト系

マルテンサイト系:
- 13Cr C<1.5 → 410
- S添加（切削性）→ 13Cr-高S 416
- Cr増加（耐食性）→ 16Cr 429（溶接性改善）→ 18Cr 430
- Al添加（耐熱性）→ 13Cr-Al 405
- Si減少 → 13Cr-低Si 403
- C増量（硬さ、強度）→ 13Cr-0.2C 420J1
- C低下（耐食性成形性）→ 13Cr-0.08 410S C<0.08
- Mo添加（耐食性）→ 13Cr-Mo 410J1 C=0.08～0.18
- Cr増加、Ni添加（耐食性、機械的性質）→ 16Cr-2Ni 431
- S添加（切削性）→ 13Cr-高S 420F
- 13Cr-0.3C 420J2
- 17Cr-0.3C 429J1（耐高温酸化性）
- 13Cr-低C 410L C<0.03（成形性改善）
- 18Cr-0.7C 440A
- 18Cr-0.8C 440B
- 18Cr-1C 440C
- S：18Cr-1C-高S 440F

フェライト系:
- S添加（切削性）→ 18Cr-高S 430F
- Ti,Nb添加（溶接性加工性）→ 18Cr-Ti または Nb-低C 430LX
- Mo添加（耐食性）→ 18Cr-1Mo 434
- Cr増加（耐食性）→ 26Cr-1Mo-極C,N XM27
- Mo添加（耐食性）→ 19Cr-0.6Mo-Nb 436J1L
- Mo増量（耐食性改善）→ 19Cr-2Mo 444
- C,N低減 Ti,Nb,Zr添加（対応力腐食性）→ 18Cr-1Mo-Ti,Nb,Zr 436L
- Cr増量 Mo増量（耐孔食性）→ 30Cr-2Mo-極C,N 447J1

7.3 構造用炭素鋼および合金鋼の機械的性質

```
                    Mn,N添加
                    低Ni
                    (Ni節約)     18-5-8Mn-N
                    (高強度)     202
                                        Mn,N添加
                                        低Ni
            低Ni,Cr                      (Ni節約)     17-4.5, 6Mn-N
            (加工硬化)   17-7, 17-7.5    (強度)       201
                        301, 301J1      C,N低減      17-7 C<0.03 N<0.2
                                        (耐粒界腐食性) 301L
                                        (強度増加)    18-8-N          18-8-N-Nb
                                                    304N1           304N2
            (耐食耐酸性  18-8 C<0.08
            の増加)     304             (耐粒界腐食性) 18-9 C<0.03    N添加  18-8-N-0.02C
                                                    304L          (強度)  304LN

            Ti,Nb,Ta添加              18-9-Ti(C%×5)
            (耐粒界腐食性)             321
                                     18-9-Nb(C%×8)    18-12-2.5Mo-N低C
                                     347              316LN
            Ni増加                                (高強
            (低加工硬化性) 18-13      Ni        度性)  18-12-2.5Mo-N
                          305, 305J1              316N
                                                  (耐粒界   18-12-2.5Mo低C
                          16-18                   腐食性)   316L
                          384
                        18-12-2.5Mo    18-12-3.5Mo
18-8          Mo,Cu添加  316            317         (耐粒界腐食性)
C 0.1%                  18-12-2Mo-2Cu              18-12 3.5Mo低C
302                     316J1                      317L
                        18-9-3.5Cu     (耐粒界腐食性) 18-16-5Mo
                        XM7                         317J1
            Ni,Cr増加
            (耐酸,耐酸化性の改善)  22-12   25-20   18-12-2Mo-2Cu低C
                                  309S    310S    316J1L
            Si添加        18-8-2.5Si                18-13-4Si
            (耐酸化性)    302B       (耐応力腐食の改善) XM15J1
            Cr増加,Mo添加 25-4.5Ni-2Mo   25-6-3Mo-N, 22-5-3Mo-N  二相系
            Ni減少        329J1           329J4L, 329J3L        ステンレス鋼

            Cr,Ni低減Al,Cu添加    17-4-4Cu-Nb      析出硬化系
            (析出硬化系の付与)    630              ステンレス鋼
                                 17-7-1Al    17-8-1Al
                                 631         631J1
            P,S,Se添加   18-8-高S
            (切削性の改善) 303
                         18-8-Se
                         303Se
```

(b) オーステナイト系ステンレス鋼

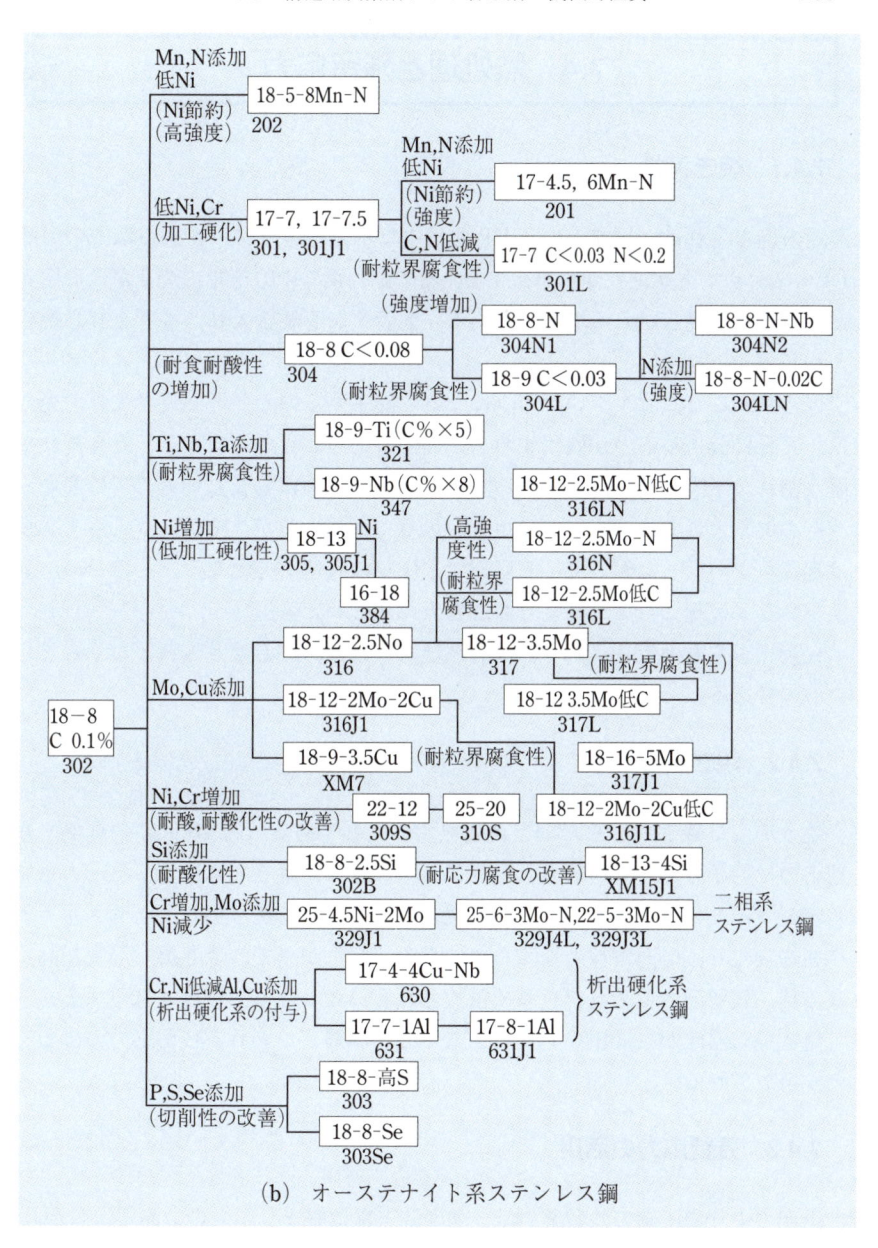

図 7.2 ステンレス鋼

7.4 熱処理と残留応力

7.4.1 焼き入れ

鋼の焼き入れは，図 7.1 の TTT 曲線中に示したように，変態点以上の温度（オーステナイト状態）から急冷する．その際，鋼の中心部まで焼きが入る場合と，表層だけ焼きが入る場合とがある．前者を無心焼き入れ，後者を有心焼き入れという．

焼きが入ると，マルテンサイトになって膨張するので，無心焼き入れの場合は，表層に引張り応力が残留する．この残留応力が大きくなると，焼き割れや置き割れの原因となる．したがって，この残留応力は好ましいものではない．

有心焼き入れでは，表層だけ焼きが入って膨張するが，内部には入らず膨張は起こらない．したがって，表層部は，圧縮の残留応力となる．そのため，焼き割れなどは起こらず，好ましい焼き入れ法といえる．

侵炭による表面焼き入れや，高周波焼き入れは，有心焼き入れとなり好ましいものである．

7.4.2 焼き戻し

焼き戻しは焼き入れした鋼を再加熱することである．約 200°C の加熱で残留応力は約半分くらい解放されてしまう．これは，焼き入れによる熱応力とマルテンサイト化による変態応力が，焼き戻しによって焼き戻しマルテンサイトに組織変化し，応力解放となるためである．したがって，焼き戻し温度が高くなる程，残留応力はそれだけ多く解放されることとなる．硬度は低下する．

焼き戻し温度が，500°C 以上にもなると，**調質**といわれ，残留応力のほとんどが解放される．

7.4.3 残留応力の活用

上記のように圧縮の残留応力は，強度向上には好ましいものである．しかし，引張りの残留応力は好ましくない．一般的には，機械部品等の設計にあたって

は，表層部に圧縮の残留応力が生じるように処理するのがよい．

しかし，摩耗に対しては，残留応力のある部品は好ましくない．したがって，焼き入れ後，硬さをあまり下げない200°C程度に焼き戻しして，残留応力を軽減するのが望ましい．

さびに対しても同様で，残留応力は好ましくないとされる．

7.4.4 高温，水素雰囲気中における材料の許容応力

ステンレス鋼などは高温や水素雰囲気中で使用される場合も多い．図7.3は，代表的な鋼材についての許容応力と使用温度との関係を示したものである．また，図7.4は水素雰囲気中での使用限界温度を示したものである．

水素雰囲気が関与する破壊現象として，遅れ破壊がある．これは，溶接部や摩擦接合用高力ボルト等において，静的な引張り負荷あるいは曲げ負荷がある時間加わった後，塑性変形を伴わず突然破壊する現象である．あるいは，電気めっきを行ったり，酸洗いを行ったりして，水素がたぶんに含まれる場合にも起こる現象である．

原因としては，鋼の溶解時に吸蔵された水素（H^+）が応力集中部近傍に集中

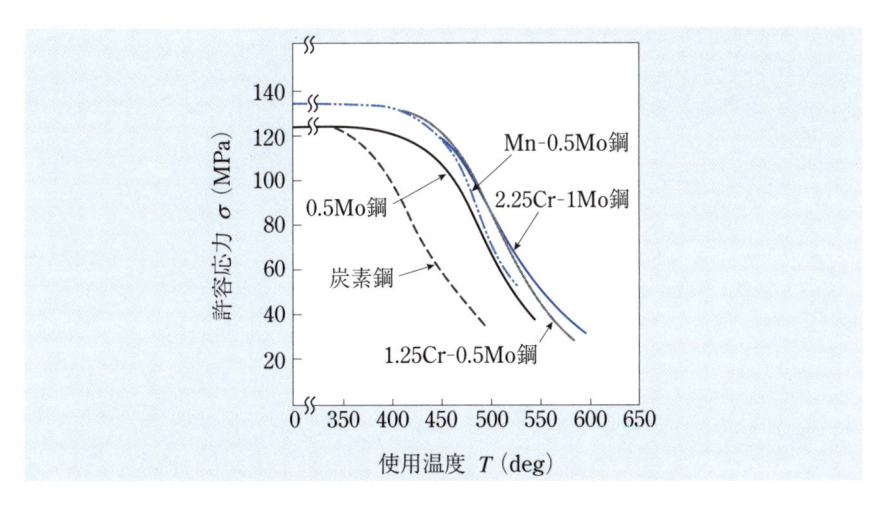

図7.3　各種鋼材の許容応力と使用温度との関係

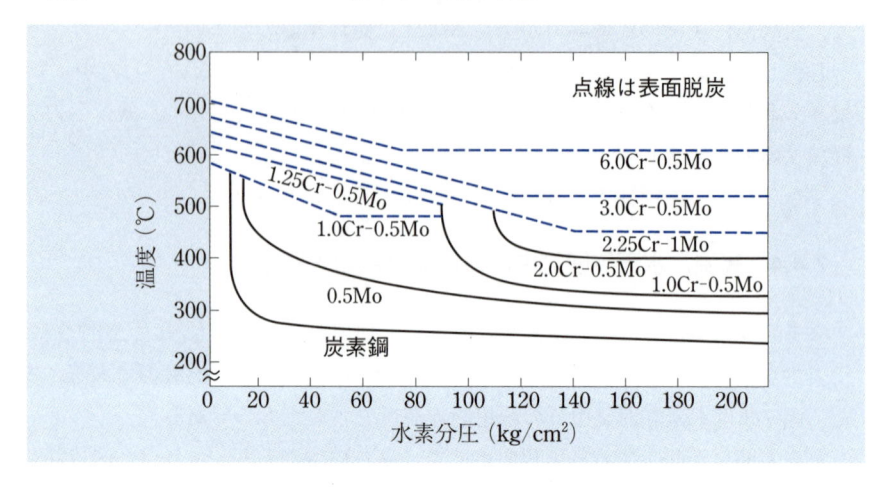

図 7.4 水素雰囲気中での各種鋼材の使用限界

し，そこがカソード（陽分極）となり材料が撰択的に溶解され亀裂が進展していくと考えられる．

　防止策としては，溶接割れに対しては，与熱後，熱処理により脱水素処理を行ったり，電気めっきでは皮膜厚さを規定している．図7.4は，1000時間耐える応力をもって，評価したものである．

問題の略解

■■第1章■■

1　省略

2　省略

■■第2章■■

1　梁の先端に図の矢印方向に M_y が作用する場合，先端のたわみ角 γ は，

$$\gamma = \frac{dv}{dx} = \int_0^l M_y \frac{1}{EI_y} dx = \int_0^l \frac{64M_y}{E\pi d_x{}^4} dx \quad (v：たわみ) \tag{1}$$

梁の重量は，

$$W = \rho \int_0^l \frac{\pi d_x{}^2}{4} dx \tag{2}$$

したがって，オイラー・ラグランジュの方程式は，

$$\frac{\partial}{\partial d_x}\left(\frac{\rho \pi d_x{}^2}{4} + \lambda \frac{64M_y}{E\pi d_x{}^4}\right) = 0$$

となる．これより，

$$d_x = \left(\frac{512\lambda M_y}{\rho \pi^2 E}\right)^{\frac{1}{6}} \tag{3}$$

式 (1) に代入し，積分すれば，

$$\gamma = \int_0^l \frac{64M_y}{E\pi \left(\frac{512\lambda M_y}{\rho \pi^2 E}\right)^{\frac{2}{3}}} dx$$

$$= \frac{64M_y}{E\pi \left(\frac{512\lambda M_y}{\rho \pi^2 E}\right)^{\frac{2}{3}}} l = \gamma_0$$

$$\lambda = \left(\frac{64 M_y l}{E\pi\gamma_0}\right)^{\frac{3}{2}} \left(\frac{\rho\pi^2 E}{512 M_y}\right) \qquad (4)$$

これを式 (3) に代入すれば d_x が求まる。この d_x を，式 (2) に代入すれば W も求められる．

2 先端のたわみを一定とする場合は，

$$\delta = \int_0^l \int \frac{M_y}{E\left(\dfrac{\pi d_x{}^4}{64}\right)} dx dx = \delta_0 \qquad (1)$$

したがって，

$$\phi = \int \frac{M_y}{E\left(\dfrac{\pi d_x{}^4}{64}\right)} dx \qquad (2)$$

$$F = W = \frac{\pi d_x{}^2}{4} \qquad (3)$$

であるから，オイラー・ラグランジュの式は

$$\frac{\partial}{\partial d_x}\left(\frac{\rho\pi d_x{}^2}{4} + \lambda\int\frac{64 M_y}{E\pi d_x{}^4}dx\right) = 0$$

d_x は一定であるので，

$$\frac{\rho\pi d_x}{2} - \lambda\int\frac{256 M_y}{E\pi d_x{}^5}dx = 0 \qquad (4)$$

したがって，

$$d_x = \left(\frac{512\lambda M_y}{\rho E\pi^2}l\right)^{\frac{1}{6}} \qquad (5)$$

これを式 (1) に代入すれば，最適値を得る場合の λ が求まる．この λ の値を式 (5) に代入すれば，d_x が求まる．

3 $\quad \gamma = \dfrac{dv}{dx} = \displaystyle\int_0^l M_y \frac{1}{EI_y} dx$

$$= \int_0^l \frac{64 M_y}{E\pi d_x{}^4} dx \quad (v: たわみ) \qquad (1)$$

$$W = \rho\int_0^l \frac{\pi d_x{}^2}{4} dx \qquad (2)$$

したがって，オイラー・ラグランジュの方程式は，

$$\frac{\partial}{\partial d_x}\left(\frac{64 M_y}{E\pi d_x{}^4} + \lambda\frac{\rho\pi d_x{}^2}{4}\right) = 0$$

これより，
$$d_x = \left(\frac{512 M_y}{\lambda \rho \pi^2 E}\right)^{\frac{1}{6}}$$
以下は，前問と同様にして解ける．

4 この問題では，フライホイールに貯蔵される単位重量当たりの貯蔵エネルギー E_0 の算出式が未知であり，これを求める必要がある．回転円盤についての材料力学の知識を利用すれば，
$$E_0 = K_s \frac{\sigma}{\rho}$$
ρ ：フライホイール材の密度 (kg/m^3)
σ ：許容応力 (Pa)
K_s：フライホイールの形状係数

5 システム全体の効率は
$$\eta = x_1 \times x_2 \times x_3 \times x_4$$
で表される．この η を最大にする各効率を
$$x_1 + x_2 + x_3 + x_4 = \kappa \quad (\text{一定})$$
の条件下で求める．このような場合は，初等数学での知識を利用し，
$$\eta = (\kappa - x_2 - x_3 - x_4) x_2 \times x_3 \times x_4$$
とした上で，x_3, x_4 を一定とした場合を考える．すると，上式は x_2 に関わる2次関数となることから，極大を示すことがうかがい知れる．したがって，
$$\left(\frac{\partial \eta}{\partial x_2}\right)_{x_3, x_4} = \kappa x_3 x_4 - 2 x_2 x_4 - x_3{}^2 - x_3 x_4{}^2 = 0$$
これより，
$$\kappa = 2x_2 + x_3 + x_4$$
同様にして，
$$\kappa = x_2 + 2x_3 + x_4$$
$$\kappa = x_2 + x_3 + 2x_4$$
となる．これらの式が成立する場合は，
$$x_2 = x_3 = x_4 = \kappa/4$$
一般に変数が n 個の場合も
$$x_1 = x_2 = x_3 = x_4 = \kappa/n$$
のとき最大のシステム効率となる．

第3章

1 $\mu \pm 3\sigma \cdots 99.73\%$, $\mu \pm 2\sigma \cdots 95.45\%$

2 正規分布表より $K = 1.96$ と求まる.

3 (1) $(2P - P^2)^2$ (2) $2P^2 - P^4$ (3) P^4
  (4) $P^2 + P^3 - P^4$ (5) $(2P - P^2)^3$

4 (1) $R_t = 1 - (2P - P^2)^2 < 1 - P$ (2) $R_t = 1 - (2P^2 - P^4) < 1 - P$
  (3) $R_t = 1 - P^4 > 1 - P$ (4) $R_t = 1 - P^2 - P^3 + P^4 > 1 - P$
  (5) $Rt = 1 - (2P - P^2)^3 > 1 - P$

5 x が標準正規分布 $N(0, 1^2)$ に従うとき，区間 (u_1, u_2) における x の値の平均値と分散は，下図を参照して

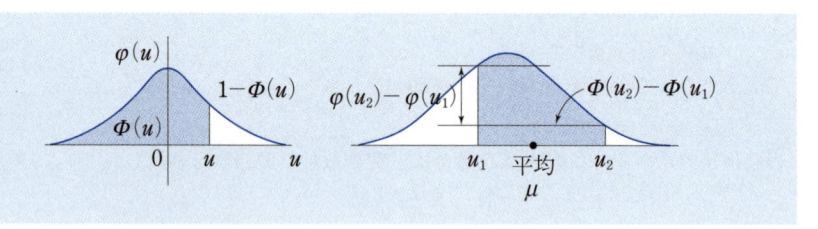

$$\mu_s = -\frac{\varphi(u_2) - \varphi(u_1)}{\Phi(u_2) - \Phi(u_1)}$$

$$\sigma_s^2 = 1 - \mu_s^2 - \frac{u_2\varphi(u_2) - u_1\varphi(u_1)}{\Phi(u_2) - \Phi(u_1)}$$

$$\varphi(u) = \frac{1}{\sqrt{2\pi}} e^{-u^2/2}$$

$$\Phi(u) = \int_{-\infty}^{u} \varphi(u) du$$

である.

次に，x が標準正規分布 $N(\mu, \sigma^2)$ に従うとき，一般に区間 (a, b) における x の値の平均値 μ_0 と分散 σ_0 は

$$\mu_0 = \mu + \mu_s \sigma, \qquad \sigma_0^2 = \sigma_s^2 \sigma^2$$

ここに,

$$u_1 = \frac{a - \mu}{\sigma}, \qquad u_2 = \frac{b - \mu}{\sigma}$$

問題の略解

である．したがって，

$$\mu = \mu - \frac{\varphi(\infty) - \varphi(0)}{\Phi(\infty) - \Phi(0)}\sigma = \mu + 0.798\sigma = 90 + 1.590 = 91.590$$

6 $\mu_s = \mu + \dfrac{\varphi(\infty) - \varphi(0)}{\Phi(\infty) - \Phi(0)}\sigma = \mu - 0.798\sigma = 90 - 1.590 = 88.410$

7 $\Phi(-0.798) = 0.2125$
すなわち，21.25%であり，91.590以下の寸法は78.75%である．

8 寸法分布は正規分布となり，$N(\mu, \sigma^2)$
ただし，$\mu = \mu_1 + \mu_2 = 3.8$，$\sigma = \sqrt{\sigma_1{}^2 + \sigma_2{}^2} = 0.78$

9 省略

10 省略

11 一例として，次表のような評価表を作成して検討する．

ラインの構成	生産数			工程または部品数		
	小	中	大	小	中	大
ロボット／専用組付機／部品供給／専用機／部品						
部品供給装置／コンベア／ロボット／専用機						
（図）						
専用機／専用組付機／部品供給装置／ロボット／完成品						

12 バックラッシュは，下図に示したように，歯車の噛み合い部分の歯車背面の遊びである．これには，数々の異なった要因を含むであろうが，主に

① 歯車の中心距離のばらつき
② 歯形形状

の影響を受ける．

一般的には，歯形背面の遊びをダイヤルゲージで測定し，基準値内であるか判定する．数量的には，図に示したように，噛み合いピッチ円上で，歯車 1 の歯厚と歯車 2 の歯隙との差として求める方法がある．

圧力角 α の円周上の歯厚 s は，

$$s = (\cos\alpha_0/\cos\alpha)\{\pi m/2 + \Delta s - zm(\mathrm{inv}\,\alpha - \mathrm{inv}\,\alpha_0)\}$$

圧力角 α の円周上の歯隙 s' は，

$$s' = (\cos\alpha_0/\cos\alpha)\{\pi m/2 - \Delta s + zm(\mathrm{inv}\,\alpha - \mathrm{inv}\,\alpha_0)\}$$

バックラッシュは $s_1' - s'$ に等しいので，

$$c_0 = (\cos\alpha_0/\cos\alpha)\{-\Delta s_1 - \Delta s_2 + 2a(\mathrm{inv}\,\alpha - \mathrm{inv}\,\alpha_0)\}$$

$$a = (z_1 + z_2)m/2$$

z：歯数 　　　　　α_0：工具圧力角
m：モジュール 　α　：噛み合い圧力角
c_0：バックラッシュ 　添え字：歯車 1, 2 を意味する

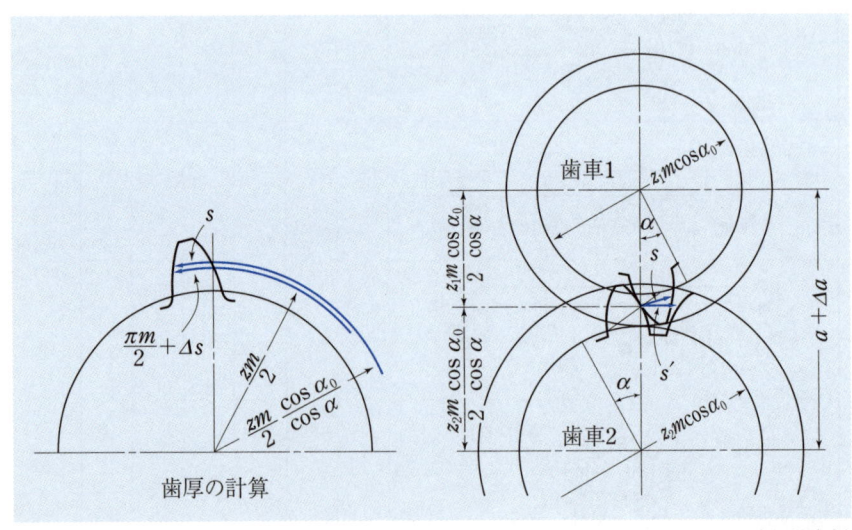

歯厚の計算

（文献〔5〕）

第 4 章

1 省略

2 省略

3 省略

4 応力の流れ（一部しか記入していない）は下図のようになり，角部は，無応力になることがわかる．

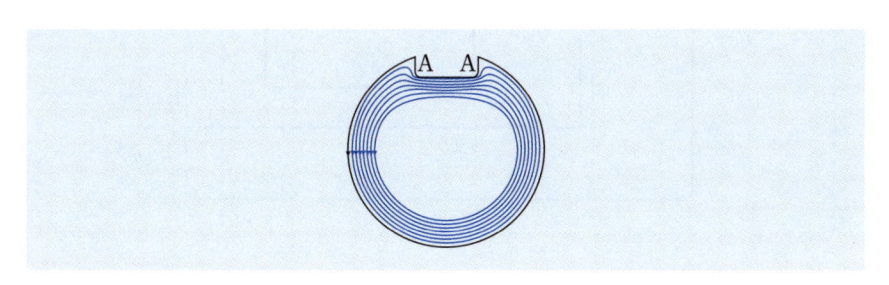

5 省略

6 (1) 下図に示したようになる．
(2) 安全率 $n = 2$ ととった場合の許容応力は下図のようになる．平均応力 $\sigma_{\mathrm{mean}} = 200\,\mathrm{MPa}$ をとった場合，$300 - 200 = 100\,\mathrm{MPa}$ の余裕がある．応力振幅に対しては，$\mathrm{AB} = 66.6\,\mathrm{MPa}$ が設計応力としてとれる．

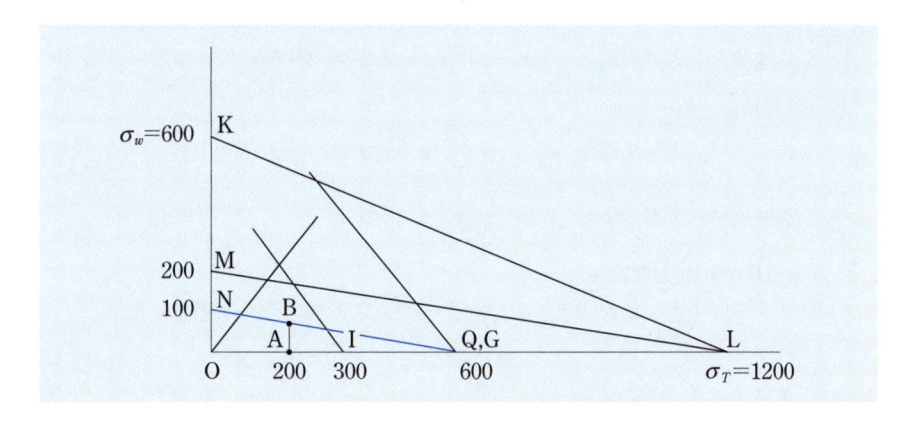

第5章

1 サーボ機構の基本的構成は下図のようになる．したがって，
 外側 ，(1) 周波数 ，(2) パルス数 ，(3) ゲイン

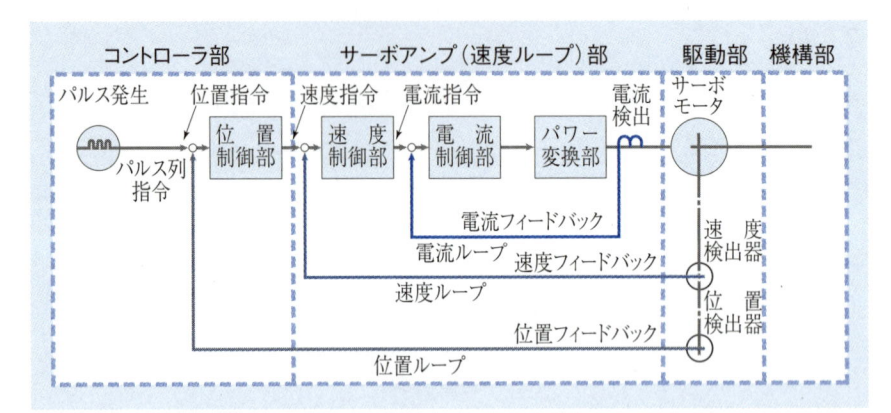

[図：サーボ機構の基本構成ブロック図．コントローラ部（パルス発生，パルス列指令，位置指令，位置制御部），サーボアンプ（速度ループ）部（速度指令，速度制御部，電流指令，電流制御部，パワー変換部，電流検出，電流フィードバック，電流ループ，速度フィードバック，速度ループ，位置フィードバック，位置ループ），駆動部（サーボモータ），機構部（速度検出器，位置検出器）]

2 省略

3 (1) 位置ループゲイン

ステップ入力の場合　　$K_p = 2/t_a = 2/0.07 ≒ 28$

加減速付き入力の場合　$K_p = K_v \sqrt{\dfrac{J_M}{J + J_M}} = 62$

(2) 位置決め整定時間の概略値

ステップ入力の場合　　$t_s = 3/K_p = 3/28 = 0.1$

加減速付き入力の場合　$t_s = 3/K_p = 3/62 = 0.05$

(3) 定常移動の偏差パルス

ステップ入力の場合　　$\varepsilon_p = \dfrac{f_p}{K_p} = 8900$

加減速付き入力の場合　$\varepsilon_p = \dfrac{f_p}{K_p} = 4300$

(4) 位置決め精度の概略値

ステップ入力の場合　$\Delta \varepsilon = f_p / (サーボアンプの速度制御範囲 \times K_p)$

　　　　　　　　　　　　　2

加減速付き入力の場合　　1

4 省略

5 装置全体を駆動するのに必要とされるエネルギーは

$$E = \frac{1}{2}J\omega^2 = \frac{1}{2}\left\{J_M\omega^2 + (J_1 + J_2)\left(\frac{r_m}{r_r}\omega\right)^2 + \frac{W}{g}V^2\right\} \tag{1}$$

ここで,

$$V = \frac{r_m}{r_r}\omega R_F = \frac{r_m}{r_r}\omega R_R \tag{2}$$

であるから,

$$J = J_M + (J_1 + J_2)\left(\frac{r_m}{r_r}\right)^2 + W\left(\frac{r_m}{r_r}R_F\right)^2 \tag{3}$$

駆動に必要とされるトルクは

$$T = J\frac{dw}{dt} = J\frac{dV}{dt} \bigg/ \left(\frac{r_m}{r_r}R_F\right) \tag{4}$$

であるから,問題 5 の図 II より

$$T = J\frac{V_{\max}}{t_1} \bigg/ \frac{r_m}{r_r}R_F$$

したがって,出力は

$$P = J\left(\frac{V_{\max}r_r}{R_F r_m}\right)^2 \frac{1}{t_1}$$

■■ 第 6 章 ■■

1 相対的瞬間中心は,右図中の点 P である.この点は,歯車の場合,ピッチ点になる.また,各回転角速度を ω_1, ω_2 とすると,点 C における滑り速度は,

$$(\omega_1 + \omega_2)\widehat{CP}$$

2 (1) $P = T\omega$

(2) $\tau = \dfrac{M_x}{I_x}r = \dfrac{P}{I_x\omega}\dfrac{d}{2} = \dfrac{16P}{\pi\omega d^3}$

(3) $\theta = \dfrac{1}{\dfrac{d}{2}G}\displaystyle\int_0^1 \tau dx = \dfrac{1}{G}\dfrac{32P}{\pi\omega d^4}$

[注] 伝動軸は,軸のねじりによって動力を伝達するから,ねじり応力を考慮して軸径を決定する場合と,ねじれ角を軸の長さ 1 m につき 1/4 度以内に抑えるようにして決める場合とがある.

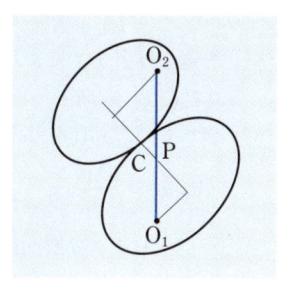

3 側面における全損失動力は,
$$E_s = q_s P + L_s = k\frac{P^2}{\mu}S^3 + K\frac{\mu n^2}{S}$$
S で微分して,最小値を得る値を求めると
$$S = \left(\frac{K}{3k}\right)^{1/4}\left(\frac{\mu n}{P}\right)^{1/2}$$

4 $W = \mu pv$ [N·m/m²·s]
pv は**最大許容圧力係数**と呼ばれ,滑り軸受けの性能を知る目安となる値である.

5 (1) $F = F_1 \sin\alpha + \mu F_1 \cos\alpha = F_1(\sin\alpha + \mu\cos\alpha)$
(2) $P = \mu F_1 = \mu \dfrac{F}{\sin\alpha + \mu\cos\alpha}$
(3) $T = \dfrac{PD}{2} = \dfrac{D}{2}\dfrac{\mu F}{\sin\alpha + \mu\cos\alpha}$

6 (1) ボルトの形状寸法 (ねじの切られていない部分の長さ,ねじの切られている部分の寸法など) より,式 (6.9) に従って,ボルトのばね定数 K_b を求める.
(2) 締め付け物の形状を考慮し,式 (6.10) に従って,締め付け物のばね定数 K_c を求める.
(3) 負荷する外力の着力点を推察し,その影響を表す値 n を表 6.1 によって求める.
(4) ボルトに関する内力係数 ϕ_f を求める.
$$\phi_f = n\frac{K_b}{K_b + K_c}$$
(5) 繰返し外力 P_B によってボルトに加わる繰返し内力 P_{bW} を求める.
$$P_{bW} = \phi_f P_B$$
(6) ボルトの有効径を基準にして,ボルトに加わる繰返し応力 σ_{BW} を計算する.
$$\sigma_{BW} = \frac{P_{bW}}{A_b}$$
　　　A_b:有効断面積
(7) ボルトの有効径を基準にして,初期締め付け力 P_0 を考慮して,ボルトに加わる平均応力 σ_{mean} を計算する.
$$\sigma_{\text{mean}} = \frac{P_{bW} + P_0}{A_b}$$
(8) ボルト材料の疲れ限度線図を各種資料より求める.
(9) 簡便のため〔ボルトの切り欠き係数 β = ボルトの形状係数 α〕として (設計に

おいては安全側となる），図のようなボルト材の疲れ限度線図を，4.3 節に従って求める．

(10) 安全率を想定して，図 4.3 と同様にしてボルトの許容応力を求める．

(11) この線図上に，(6)，(7) で求めた σ_{BW}, σ_{mean} をプロットし，安全かどうかを検討する．

7 座面に最も近いねじ（荷重点は座面から 1 ピッチの距離）に加わる，単位長さ当たりの荷重は式 (6.31) より，$z = t_p$ を代入して

$$p = \frac{t_p}{\pi d_e} \frac{\lambda \cosh \lambda(l - t_p)}{\sinh \lambda l} P_0$$

より求まる．したがって，

$$\sigma_{\max} = \frac{4.52 p}{t_p} = \frac{4.52}{\pi d_e} \frac{\lambda \cosh \lambda(l - t_p)}{\sinh \lambda l} P_0$$

8 創成歯形を描くプログラム．

```
Option Explicit

Private Sub mnuClear_Click()


frmPicture.Cls

End Sub

Private Sub mnuExit_Click()

  Beep

  End

End Sub
Private Sub picture1_Click()
   Dim I, PX, PY, N, J, ZN, ST, C As Integer
   Dim M, Z, KX, KY, S, E, W1, PI, P, A, AA, WY
   Dim GR, TH, CS, SN, TN, CYC
   Dim X0, Y0, X(5), XX(4), Y(5), YY(4)
   Picture1.Cls
   M = InputBox("Input モジュール M=")
   Z = InputBox("Input 歯数 Z=")
```

```
AA = InputBox("Input 圧力角 AA=")
C = InputBox("Input (1)全体図を作成しますか？
                    (2)歯型1枚のみ作図しますか？(1) or (2)  C=")
KX = InputBox("Input 横倍率 KX=")
KY = InputBox("Input 縦倍率 KY=")
ST = InputBox("Input ステップ ST=")
PI = 3.1415926
A = AA / 180 * PI
'------------------------------------------------------
If C = 2 Then
   PX = Int(6400 / KX / 100): PY = Int(6400 / KY / 100)
   P = PI / Z: S = -P * 480 / PI: E = -S
   WY = -Z * M / 2 * KY
   For I = 1 To PX
       Picture1.Line (KX * 100 * I, 6340 + WY)-(KX * 100 * I, 6390 + WY)
   Next I
   N = Int(6400 / KX)
   For J = 1 To N
       Picture1.Line (KX * J, 6370 + WY)-(KX * J, 6390 + WY)
   Next J
   N = Int(6400 / KY)
   For J = 1 To N
       Picture1.Line (0, 6390 + WY - KY * J)-(2, 6390 + WY - KY * J)
   Next J
End If
'------------------------------------------------------
If C = 1 Then
   S = 0
   E = 360
   W1 = (Z + 2) * M * KY / 2 + 200
   Picture1.Scale (0, 0)-(6500, 6500)
   Picture1.Line (3200 - W1, 3200)-(3200 + W1, 3200)
   Picture1.Line (3200, 3200 - W1)-(3200, 3200 + W1)
   PX = Int(W1 / KX / 100): PY = Int(W1 / KX / 100)
   For I = 1 To PX
       Picture1.Line (3200 + 100 * KX * I, 3150)-(3200 + 100 * KX * I, 3250)
       Picture1.Line (3200 - 100 * KX * I, 3150)-(3200 - 100 * KX * I, 3250)
```

```
    Next I
    N = Int(W1 / KX)
    For J = 1 To N
        Picture1.Line (3200 + KX * J, 3150)-(3200 + KX * J, 3250)
        Picture1.Line (3200 - KX * J, 3150)-(3200 - KX * J, 3250)
    Next J
    For I = 1 To PY
        Picture1.Line (3150, 3200 + 100 * KY * I)-(3250, 3200 + 100 * KY * I)
        Picture1.Line (3150, 3200 - 100 * KY * I)-(3250, 3200 - 100 * KY * I)
    Next I
    N = Int(W1 / KY)
    For J = 1 To N
        Picture1.Line (3180, 3200 + KY * J)-(3220, 3200 + KY * J)
        Picture1.Line (3180, 3200 - KY * J)-(3220, 3200 - KY * J)
    Next J
End If
'-----------------------------------------------------
For GR = S To E Step ST
    TH = GR / 180 * PI
    CS = Cos(TH)
    SN = Sin(TH)
    TN = Tan(TH)
    X0 = Z * M / 2 * CS * (TN - TH)
    Y0 = -Z * M / 2 * (CS + TH * SN - 1)
    ZN = Int(GR / 360 * Z)
    For I = ZN - 1 To ZN + 1
    CYC = PI * M * I
    X(0) = CYC
    Y(0) = -M
    X(1) = 2.25 * M * Tan(A) + CYC
    Y(1) = 1.25 * M
    X(2) = PI * M / 2 - 0.25 * M * Tan(A) + CYC
    Y(2) = 1.25 * M
    X(3) = PI * M / 2 + 2 * M * Tan(A) + CYC
    Y(3) = -M
    X(4) = PI * M + CYC
    Y(4) = -M
```

```
    For N = 0 To 4
      XX(N) = KX * (X(N) * CS - Y(N) * SN + X0) + 3200
      YY(N) = KY * (X(N) * SN + Y(N) * CS + Y0) + 3200 - Z * M / 2 * KY
    Next N
    For J = 0 To 3
      Picture1.Line (XX(J), YY(J))-(XX(J + 1), YY(J + 1))
    Next J
  Next I
Next GR
End Sub
```

参考文献

■■■第1章■■■

[1] 糸井：開発部門における技術標準化の概要，東京設計管理協会 1998 年度研究年報，pp43 (1999.2)
[2] 中条：国際的生産革新に対応する開発・設計・生産体制の見直しの問題点，東京設計管理協会 1997 年度研究年報，pp13 (1998.2)
[3] 宮内：民事訴訟法の改正で文章管理の見直しは急務，東京設計管理協会 1998 年度研究年報，pp89 (1999.2)
[4] 安倍：ISO9000 シリーズと設計管理，東京設計管理協会 1997 年度研究年報，pp9 (1998.2)
[5] 荒木：設計完成度向上に対する取り組み事例，東京設計管理協会 1997 年度研究年報，pp32 (1998.2)
[6] 鹿島：AV 事業の設計生産性向上，東京設計管理協会 1999 年度研究年報，pp46 (2000.2)
[7] 野口：ヤマハ発動機における技術情報統合利用 (PDM)，東京設計管理協会 1999 年度研究年報，pp83 (2000.2)
[8] 藤ケ谷：東芝機械の技術業務の機械化への取り組み，東京設計管理協会 1999 年度研究年報，pp102 (2000.2)
[9] 江澤：欧米における PDM の動向，東京設計管理協会 1998 年度研究年報，pp47 (1999.2)
[10] 春木：MAP の概要，Robot，No.71，pp8 (1989)
[11] 辻：MAP の応用モデル，Robot，No.71，pp32 (1989)
[12] 東海林：FA システムの実際と設計手法，日本機械学会第 626 講習会，pp41 (昭和 61)

■■■第2章■■■

[1] 徳永：自主技術開発力強化のための能力開発，機械設計，第 34 巻第 1 号，pp68

(1990)
[2] 篠原：東芝が3K評価法で工場環境改善 きつい・汚い・危険を定量化，Nikkei Mechanical，pp50 (1992.8)
[3] G.ブースロイド：設計段階で組立性を評価し自動化の経済性を定量的に把握，Nikkei Mechanical，pp89 (1984.5)
[4] 高橋：「設計マニュアル」とペアになった「組み立て性評価法」，機械設計，第33巻第7号，pp48 (1989)
[5] 宮川：組み立て性と加工性を考えた生産設計評価法「PEM」，機械設計，第33巻第7号，pp39 (1989)
[6] 大滝：設計におけるマイコン利用の材料選択法，設計製図，第20巻第126号 (昭和60)
[7] 坪井：生産工場の保全と監視の自動化，日本機械学会第538講習会，pp61 (昭和57)
[8] 堀：マシニングセンタ加工を考えた部品設計，日本機械学会第626講習会，pp85 (昭和61)
[9] 真弓：オルゴールの自動化と製品設計について，日本機械学会第626講習会，pp1 (昭和61)
[10] 尾崎：複合生産システム，機械設計，第25巻第14号，pp109 (1981)
[11] 倉林：価値工学，コロナ社 (昭和62)
[12] 田口：開発・設計段階の品質工学，日本規格協会 (1999)
[13] 田口：製造段階の品質工学，日本規格協会 (1997)
[14] 永島：製品の付加価値を高める部品点数削減の効果的な進め方，機械設計，第40巻第17号 (1996)

■■第3章■■

[1] 下桶：複雑巨大技術システムの安全設計と公理 (上)，機械設計，第31巻第8号，pp87 (1987)
[2] 下桶：複雑巨大技術システムの安全設計と公理 (中)，機械設計，第31巻第13号，pp81 (1987)
[3] 下桶：複雑巨大技術システムの安全設計と公理 (下)，機械設計，第31巻第16号，pp93 (1987)
[4] 宮坂：原子炉廃止措置計画のためのシステムエンジニアリング，日本機械学会第626講習会，pp99 (昭和61)

[5] 吉本：機械要素，丸善 (昭和 61)
[6] 三上：統計的推測，筑摩書房 (1969)
[7] J. G. ケメニイ：社会科学における数学的モデル，培風館 (昭和 44)
[8] 坂本：確率論・モンテカルロ法，総合図書 (1970)
[9] バートレット：確率過程入門，東京大学出版会 (1968)
[10] 佐藤：製図マニュアル精度編，日本規格協会 (1991)
[11] 手島：実践価値工学，日科技連 (1997)
[12] 大津：設計技術者のための品質管理，日科技連 (1999)
[13] 近藤：システム工学，丸善 (平成 4)
[14] 上野：機能性評価による機械設計，日本規格協会 (1997)

■■■第4章■■■

[1] C. Bach：Die MASCINEN–ELEMENTE ARNORD BERGSTRASSER VERLAGSBUCHHANDLUNG (1899)
[2] W.C. UNWIN：The ELEMENTS of MACHINE DESIGN LONGMANS, GREEN AND Co (1892)
[3] 日本機械学会：疲れ強さの設計資料 I，日本機械学会 (昭和 45)
[4] 日本機械学会：疲れ強さの設計資料 II，日本機械学会 (昭和 45)
[5] 横堀：金属の疲労破壊，丸善 (昭和 45)
[6] Timoshenko：Theory of ELASTICITY, McGRAW–HILL (1951)
[7] ROARK：Formulas for Stress and Strain, McGRAW–HILL (1954)

■■■第5章■■■

[1] 川北：機械設計における GD^2，日刊工業新聞社 (昭和 60)
[2] 大島：サーボ機構，オーム社 (昭和 62)
[3] オリエンタルモーター，総合カタログ (1997)
[4] THK，直動システム
[5] オムロン，メカトロ機器総合カタログ
[6] 一田：サーボ（速度ループ）選定手順と演習，機械設計，第 37 巻第 8 号，pp 61 (1993)
[7] 一田：カタログの読み方，機械設計，第 37 巻第 8 号，pp 56 (1993)

■■第6章■■

[1] 斎藤：圧力容器構造規格による計算例集，産業図書 (昭和 62)
[2] チモシェンコ：材料力学，東京図書 (昭和 39)
[3] 吉本：ねじ締結体設計のポイント，日本規格協会 (2002)
[4] 稲垣：圧力容器における許容応力と品質保証，機械設計，第 25 巻第 8 号，pp43 (1981)
[5] 大野：ばね技術の動向，機械設計，第 35 巻第 13 号，pp26 (1991)
[6] 富永：最近のばね材料，機械設計，第 35 巻第 13 号，pp39 (1991)
[7] 鶴岡：機械式力ばね締結要素，機械設計，第 33 巻第 16 号，pp65 (1989)
[8] 新倉：ばねの許容応力，機械設計，第 24 巻第 7 号，pp45 (1980)
[9] 小川：自動車用ばね，機械設計，第 33 巻第 16 号，pp164 (1989)
[10] 吉本：ねじ締結要素，機械設計，第 22 巻第 9 号，pp97 (1978)
[11] H. J. ボーンシュテット：機械要素の損傷事例とその対策，機械設計，第 25 巻第 8 号，pp127 (1981)
[12] 砂川：ねじり坐屈と許容応力，機械設計，第 23 巻第 8 号，pp49 (1981)

■■第7章■■

[1] 棚木：ステンレス鋼，機械設計，第 41 巻第 16 号，pp37 (1997)
[2] 井澤：機械材料の特性と材料記号の構成，機械設計，第 22 巻第 9 号，pp2 (1978)
[3] 大友：機械構造用鋼，機械設計，第 41 巻第 15 号，pp20 (1997)
[4] 大和田：機械要素の熱処理と残留応力，機械設計，第 24 巻第 7 号，pp32 (1980)

索 引

■ あ行 ■

圧縮コイルばね　151, 153
圧縮に対する許容限度　80
圧力容器に生じる応力，変位　168
圧力容器の許容応力　174
安全率　70, 71

位置ループゲイン　102
インボリュート曲線　142

応力集中　82
応力集中係数　88
応力振幅　75
オーステナイト　180
オープンループ式　98

■ か行 ■

慣性モーメント　108

機械的時定数　105, 107
機械部品の最適形状　20
機械要素の慣性モーメント　110
基準応力　71
基準強さ　71
許容応力　71, 74
切欠き　82
切欠き係数　74, 82

偶発故障期間　42
組立性評価手法　8, 18
組立品の寸法公差　54
組立品の寸法分布の標準偏差　54
クローズドループ式　98
クロム Cr　182

形状係数　74, 88
減速装置　112, 115

コイルばねの設計式　153
高温雰囲気中における材料の許容応力　191
合金鋼　181
公差等級表（JISB0405）　53
工場参照モデル　9
構造用合金鋼　185
構造用炭素鋼　185
工程品質管理手法　8, 18
降伏点　75
降伏に対する許容限度　80
小型圧力容器　167
故障率曲線　42
転がり　136
転がり接触　139

■ さ行 ■

最適材料の選択　36
最適な寸法公差　21
材料の疲れ限度　74
サージング　155
サーボ機構　98
サーボモータの特性図例　101
残留応力の活用　190

時間疲れ強さ　75
システム分析　60
事前評価　60
自動調節系　98
締め付け力の及ぶ範囲　131
締める場合のトルク　126
車両　113, 116

索　引

修正 Goodman 線図　73
瞬間最大電流　107
初期故障期間　42
真破断応力　75
信頼性　43
信頼度　43
信頼度曲線　44

水素雰囲気中における材料の許容応力　191
スタビライザの設計　164
ステンレス鋼　185
スピン　136
スプラインの強度設計　147
寸法効果　74

正規分布型　52
正規分布の積分表　49
正規分布表　59
製造原価　30
設計応力　71, 81
設計最適化手法　8, 18
セミクローズド式　98

装置全体の慣性モーメント　111
速度制御　100
速度制御範囲　107
速度ループゲイン　102

■■た行■■

第1種圧力容器　167
第2種圧力容器　167
短形分布型　52
炭素 C　182
炭素鋼　181
ターンバックル式の継ぎ手　135

逐次並列システム　45
調質　190

疲れ限度　75
疲れ限度線図　75
疲れ限度の許容線図　80

定格出力　105

定格電流　105
適用負荷イナーシャ　107
電気的時定数　107

等温変態曲線（TTT 曲線）　180
等価慣性モーメント　112
同時並列システム　45
動力伝達係数　141
トーションバーの設計　163
トルク制御　100

■■な行■■

内力係数　130
ナット座面で負担するトルク　126

ニッケル Ni　182

ねじ継ぎ手　124
ねじ継ぎ手の締め付けトルク　126
ねじ継ぎ手のバネ定数　126
ねじ面のリード方向の摩擦力　124
ねじ山のたわみ係数　133
ねじ山の負担する荷重　132
ねじりコイルばね　159

■■は行■■

歯車の歯形の創成　142
ばねの力学　152
歯の危険断面　146
パワーレート　104, 107
搬送機構　112, 115

被締め付け物のバネ定数　127
引張りコイルばね　151, 157
引張り強さ　75
表面状況　74

フィードバック制御　98
腐食作用　74
部品点数削減　32
フリッチェ　127
フレッチングコロージョン　93
プロセス制御系　98

平均応力　75
変速制御　100
変分法　18

放物線内接法　145

■■ま行■■
摩擦車による動力伝達　140
摩擦力　136
磨耗故障期間　42
マルテンサイト　180
マンガン Mn　182

モータのカタログ　104

■■や行■■
焼き入れ　190
焼き戻し　180, 190

■■ら行■■
ラグランジュの最適化手法　18

硫黄 S　182
両振りの疲れ限度　75
リン P　182

■■わ行■■
ワールによる修正係数　155

■■数字・欧字■■
18-8 系　187
30 度接線法　145

AC サーボモータ　100

CALS　5, 12
CE マーキング　180

DC サーボモータ　100

F. Rotcher の影響円錐　131

Gerber 線図　75
Goodman 線図　75

Heywood による強度計算式　149

ISO　2
ISO14000　2
ISO9000　2
ISO 工場参照モデル　2

JIS　3
Junker　130

MAP　10

OSI 参照モデル　2, 10

PDM　13

Saint-Venant の原理　89
$S\text{-}N$ 曲線　75
Soderberg 線図　75
SUS300 系　187
SUS400 系　187

TTT 曲線　180

著者略歴

大滝 英征
（おおたき ひでゆき）

1972年　東京大学大学院工学研究科機械工学専攻
　　　　博士課程修了
1972年　通産省工業技術院機械技術研究所
1981年　同安全公害部安全設計課長
1983年　埼玉大学工学部助教授
現　在　埼玉大学工学部機械工学科教授，工学博士

主要著書
『JIS 使い方シリーズ　ねじ締結体設計のポイント』
　（1992 初版）日本規格協会 [共著]
『機械設計計算プログラム集』（昭和62）日刊工業新聞社
『機械機構設計ノート』（昭和61）日刊工業新聞社
『エキスパートシステム入門書』（1994）日刊工業新聞社 [共著]
『まるごと実用設計 [計算便利帳]』（2002）日刊工業新聞社
『機械設計便覧』（1992）丸善 [共著]
『機械の事典』（1980）朝倉書店 [共著]

新・数理/工学ライブラリ [機械工学 = 1]
新・機械設計学〈設計の完成度向上をめざして〉

2003 年 9 月 10 日 ©　　　　　初 版 発 行
2010 年 10 月 10 日　　　　　　初 版 第 2 刷 発 行

著　者　大滝英征　　　　　発行者　矢沢和俊
　　　　　　　　　　　　　印刷者　山岡景仁
　　　　　　　　　　　　　製本者　石毛良治

【発行】　　　　　株式会社　数理工学社

〒151–0051　東京都渋谷区千駄ヶ谷1丁目3番25号
　☎ (03)5474-8661(代)　　　サイエンスビル

【発売】　　　　　株式会社　サイエンス社

〒151–0051　東京都渋谷区千駄ヶ谷1丁目3番25号
　☎ (03)5474-8500(代)　　　振替 00170-7-2387

印刷　三美印刷　　　　　製本　ブックアート

《検印省略》

本書の内容を無断で複写複製することは，著作者および
出版者の権利を侵害することがありますので，その場合
にはあらかじめ小社あて許諾をお求め下さい．

ISBN4-901683-07-1

PRINTED IN JAPAN

サイエンス社・数理工学社の
ホームページのご案内
http://www.saiensu.co.jp
ご意見・ご要望は
suuri@saiensu.co.jp まで．

基礎から学ぶ 機械力学
　　　　山浦　弘著　2色刷・A5・上製・本体2200円

固体の弾塑性力学
基礎から複合材料への展開
　　　　小林・轟共著　2色刷・A5・上製・本体2200円

機械設計工学の基礎
原理の理解から論理の展開まで
　　　　塚田忠夫著　2色刷・A5・上製・本体2400円

機械系のための 信頼性設計入門
　　　　清水茂夫著　2色刷・A5・上製・本体1950円

システム制御の基礎と応用
メカトロニクス系制御のために
　　　　岡田昌史著　2色刷・A5・上製・本体2200円

新・工業力学
例解から応用への展開
　　　　大熊政明著　2色刷・A5・上製・本体2500円

新・演習 工業力学
　　　　大熊政明著　2色刷・A5・並製・本体2200円

＊表示価格は全て税抜きです。

発行・数理工学社／発売・サイエンス社